"十四五"时期国家重点出版物出版专项规划项目

"中国山水林田湖草生态产品监测评估及绿色核算"系列丛书

王 兵 ■ 总主编

秦岭森林生态系统
监测区划与布局研究

原作强 李晨璐 郝占庆 牛 香 等 ■ 著

中国林业出版社
China Forestry Publishing House

审图号：陕S（2024）025号

图书在版编目（CIP）数据

秦岭森林生态系统监测区划与布局研究 / 原作强等著. -- 北京：中国林业出版社，2024.12. -- （"中国山水林田湖草生态产品监测评估及绿色核算"系列丛书）.
ISBN 978-7-5219-2875-4

Ⅰ．S718.55

中国国家版本馆CIP数据核字第20241K9G72号

责任编辑：于晓文

出版发行	中国林业出版社（100009，北京市西城区刘海胡同7号，电话010-83143549）
电子邮箱	cfphzbs@163.com
网　　址	https://www.cfph.net
印　　刷	河北京平诚乾印刷有限公司
版　　次	2024年12月第1版
印　　次	2024年12月第1次印刷
开　　本	889mm×1194mm　1/16
印　　张	9.25
字　　数	195千字
定　　价	98.00元

《秦岭森林生态系统监测区划与布局研究》著者名单

项目完成单位：

西北工业大学

西安建筑科技大学

中国林业科学研究院森林生态环境与自然保护研究所

中国森林生态系统定位研究观测网络（CFERN）

编写组成员：

原作强　李晨璐　郝占庆　牛　香　王　兵　鱼　斐　邵亦琳
谢文芳　焦铁柱　杨治春　王　倩　郭　珂　许庭毓　陈若愚
闫江波

前言

森林生态系统滋育着丰富的生物资源和良好的自然环境，为人类社会繁衍发展提供了物质资料来源。世界历史表明，人类文明大都起源于森林茂密、水草肥美的地区，森林是人类生存发展的重要保障。"草木植成，国之富也"。林草兴则生态兴，生态兴则文明兴。人类文明进步无不与森林的消长、生态的兴衰息息相关，发达的林业是国家富足、民族繁荣和社会文明的重要标志。

习近平总书记在 2022 年 3 月 30 日参加首都义务植树活动时指出，森林是水库、钱库、粮库，现在应该再加上一个"碳库"。这一重要论述，形象概括了森林的多元功能与多重价值，为重构森林价值体系、实现高质量发展开阔了思路、指明了方向。党的二十大报告指出："中国式现代化是人与自然和谐共生的现代化"，并将"提升生态系统多样性、稳定性、可持续性"作为推动绿色发展、促进人与自然和谐共生的战略任务和重大举措，强调要加快实施重要生态系统保护和修复重大工程，全面推进自然保护地体系建设，实施生物多样性保护重大工程，科学开展大规模国土绿化行动，推动草原森林河流湖泊湿地休养生息等。这些部署既是对以往生态系统保护工作的延续拓展，也是做好今后工作的行动指南。

秦岭和合南北、泽被天下，是我国的中央水塔和中华绿芯，也是中华民族的祖脉和中华文化的重要象征。秦岭自然生态系统以森林为主，草地、湿地散布其间，是众多野生动植物的天然乐园，是自然生态系统最重要、自然景观最独特、自然遗产最精华、生物多样性最富集的区域之一，具有全球价值。秦岭植物区系复杂，起源古老，种类丰富，珍稀特有物种众多，是中国—日本、中国—喜马拉雅森林植物区系的交会地带和天然分界线，被列为全球 34 个生物多样性热点地区之一，也是中国 14 个生物多样性关键地区之一。该区域分布有野生维管束植物 3900 余种，分属 187 科 1030 属。其中，列为国家一级保护野生植物有红豆杉（*Taxus wallichiana* var. *chinensis*）、南方红豆杉（*Taxus wallichiana* var. *mairei*）、独叶草（*Kingdonia uniflora*)、华山新麦草（*Psathyrostachys huashanica*）4种。秦岭是野生动物古北界与东洋界的交会地、过渡区，繁盛复杂的自然植被和气候迥异的环境条件，孕育了丰富的野生动物种群。资料显示，秦岭栖息脊椎动物有36目135科794种，其中鱼类115种，两栖爬行类71种，鸟类477种，哺乳类131种，包括国家重点保护野生动物85种。秦岭也被誉为"生物基因库"，大熊猫、羚牛、朱鹮、金丝猴栖居秦岭山麓，被称为"秦岭四宝"。此外，秦岭还是青藏高原与华中、华北平原的生态连廊，是我国的中央水塔，秦岭水资源储量220多亿立方米，约占黄河水量的1/3、陕西水资源总量的一半，是陕西最重要的水源涵养区。其中，秦岭南坡水资源储量182亿立方米，约占陕南水资源总量的58%，是嘉陵江、汉江、丹江的源头区，每年累计向北京、天津等地供水达100亿立方米，是南水北调中线工程的重要水源涵养区；秦岭北坡水资源储量约40亿立方米，约占关中地表水资源总量的51%，是渭河的主要补给水源地，也是西安等地的主要水源区。

2020年4月，习近平总书记来陕考察时强调，保护好秦岭生态环境，对确保中华民族长盛不衰、实现"两个一百年"目标、实现可持续发展具有十分重大而深远的意义。为深入学习贯彻习近平生态文明思想和习近平总书记来陕考察重要讲话指示精神，全面贯彻全国生态环境保护大会精神，结合秦岭资源禀赋与生态优势，开展秦岭森林生态系统监测区划与布局研究规划研究，推动建立形成层次清晰、功能完善、覆盖主要生态区域的生态监测网络，提升生态站点的观测研究能力，针对自然生态系统、生物多样性、环境要素等动态和影响因素进行长期、连续、系统观测，及时了解秦岭自然资源状况，准确监测生态系统状态变化，认知生态系统时空演变规律，揭示生态系统运维过程机理，定量评价生态系统功能状态及服务能力，预测生态系统动态演变及地理格局，预警生态系统变化及生态环境灾害，为生态文明和秦岭国家公园建设提供可靠的数据支撑和技术保障。

著 者

2024年5月

目 录

前 言

第一章 绪 论
一、国际生态系统长期定位监测区划与布局研究进展……………………………1
二、中国生态系统长期定位监测区划与布局研究进展……………………………6
三、秦岭森林生态系统监测区划与布局的目的意义………………………………14

第二章 秦岭区位特征及自然资源禀赋状况
一、区位特征…………………………………………………………………………18
二、自然地理条件……………………………………………………………………22
三、资源禀赋状况……………………………………………………………………28
四、土地利用类型……………………………………………………………………34

第三章 秦岭森林生态系统监测区划研究
一、区划原则…………………………………………………………………………54
二、区划方法…………………………………………………………………………55
三、区划结果…………………………………………………………………………63

第四章 秦岭森林生态系统监测布局研究
一、布局原则…………………………………………………………………………69
二、布局思路…………………………………………………………………………70
三、布局方法…………………………………………………………………………70
四、布局结果…………………………………………………………………………71

第五章 秦岭森林生态连清体系构建与专项监测研究进展
一、秦岭森林生态连清体系构建……………………………………………………79
二、秦岭森林生态系统碳汇监测研究进展…………………………………………93
三、秦岭森林生态系统生物多样性监测研究进展…………………………………103

参考文献 ……………………………………………………………………………… 117

附 录
　　表 1　秦岭生态功能区及情况总览 ……………………………………… 123
　　表 2　秦岭生态功能区类型 ……………………………………………… 134

第一章
绪 论

2024年3月，生态环境部印发的《关于加快建立现代化生态环境监测体系的实施意见》（以下简称《意见》）中指出："生态环境监测是生态环境保护的基础，是生态文明建设的重要支撑。"为深入贯彻习近平生态文明思想，认真落实习近平总书记关于"加快建立现代化生态环境监测体系"的总要求，《意见》指出应当以监测先行、监测灵敏、监测准确为导向，以更高标准保证监测数据"真、准、全、快、新"为目标，以科学客观权威反映生态环境质量状况为宗旨，健全天空地海一体化监测网络，加速监测技术数智化转型，筑牢高质量监测数据根基，强化高效能监测管理，实现高水平业务支撑，更好发挥生态环境监测对污染治理、生态保护、应对气候变化的支撑、引领和服务作用，为建设人与自然和谐共生的美丽中国贡献监测力量。

现代化生态环境监测体系的建立，需以现有生态地理区划及不同的生态功能分区为依托，规划并建立起高效能、低能耗的野外监测站点和监测网络，有针对性地构建和完善不同类型生态系统的监测指标体系和数据库。本研究从国内外的现有技术和亟待解决的生态监测问题出发，提出对我国重要地理过渡带秦岭地区的森林生态监测网络构建与管理的针对性建议。

一、国际生态系统长期定位监测区划与布局研究进展

生态系统是地球系统的重要组成部分，也是地球系统中最为活跃，与人类活动最为密切的生物圈的核心（傅伯杰等，2007）。长期定位监测是研究和揭示生态系统结构与功能变化的重要手段，通过在目标生态系统地段建立定位监测站，在长期固定样地上对生态系统的组成、结构、生物生产力、养分循环、水循环和能力利用等在自然状态下或某些人为活动干扰下的动态变化格局与过程进行长期监测，进而阐明生态系统发生、发展、演替的内在机制和生态系统自身的动态平衡，以及参与生物地球化学循环等重要过程（王兵等，2004）。世界上许多国家已开展了生态系统长期定位监测，为解决生态学、环境科学、全球变化与影

响、可持续发展等重要理论和实践问题提供了丰富的理论支持和基础数据。

生态区划也被称为地理区域、生态区域、环境域、生态土地单元、土地类别和环境分类等，通过将具有相似生态特征（环境和生物属性）的地点分组，定义了在生态上表现出相对同质性的地理区域特性（Snelder et al.，2010）。其应用包括识别特定地点、制定环境标准、设定某地研究结果的外推限度、对调查和监测对象进行分层、解释结果数据、确定优先保护地点等（Snelder et al.，2010）。生态区划图通过将大范围环境区域划分为较小的区域，使得每个区域具有不同的生物和非生物特征，以支持生态系统健康和功能，不仅是环境管理和监测中被广泛使用的工具，也为理解生态系统机制和生态过程提供了基础（Kearney et al.，2019）。

长期定位试验研究可追溯到1843年英国的洛桑试验站（Rothamsted Experimental Station），是世界上著名的农业生态系统研究站，主要开展土壤肥力与肥料效益的相关研究，被称为"经典试验"（赵方杰，2012）。目前，世界上已持续监测60年以上的长期定位站有30多个，主要集中在俄罗斯、美国、日本、印度等国家。森林生态系统定位研究开始于1939年美国Laguillo观测站对南方热带雨林的研究。著名的研究站还有美国的Baltimore生态研究站、Hubbard Brook实验林站、Coweeta水文实验站等，主要开展了森林生态系统过程和功能的观测与研究（杨萍等，2020）。

随着人们对全球气候变化等重大科学问题的日益关注，伴随着网络和信息技术的飞速发展，生态系统监测已从基于单个生态站的研究，向跨国家、跨区域、多站参与的全球化、网络化监测研究体系发展。美国、英国、加拿大、波兰、巴西、中国等国家以及联合国开发计划署（UNDP）、联合国环境规划署（UNEP）、联合国教科文组织（UNESCO）、联合国粮食及农业组织（FAO）等国际组织都独立或合作建立了国家、区域或全球性的长期监测研究网络（表1-1）。在国家尺度上主要有美国长期生态系统研究网络（United States Long-Term Ecological Research，US-LTER）（Hobbie et al.，2003）、美国国家生态观测站网络（National Ecological Observatory Network，NEON）、英国环境变化网络（Environment Change Network，ECN）（Miller et al.，2001）、加拿大生态监测和评估网络 [Ecological Monitoring and Assessment Network (Canada)，EMAN]（Vaughan et al.，2001）、澳大利亚陆地生态系统研究网络（Terrestrial Ecosystem Research Network，TERN）、中国生态系统观测研究网络平台（Chinese Ecosystem Research Network，CERN）等。

表1-1　国内外主要生态系统监测研究网络

序号	网络名称	简称	所属国家或组织
1	联合国陆地生态系统监测网络	TEMS	联合国环境组织
2	美国长期生态学研究网络	US-LTER	美国
3	美国国家生态观测网络	NEON	美国
4	英国环境变化监测网络	ECN	英国

(续)

序号	网络名称	简称	所属国家或组织
5	加拿大生态监测和评估网络	EMN	加拿大
6	哥斯达黎加长期生态学研究网络	CRLETR	哥斯达黎加
7	捷克长期生态学研究项目	CLTER	捷克
8	匈牙利长期生态学研究网络	HTER	匈牙利
9	波兰长期生态学研究网络	PLTER	波兰
10	韩国长期生态学研究网络	KLTERN	韩国
11	巴西长期生态学研究网络	BLTER	巴西
12	墨西哥长期生态学研究网络	MLTERN	墨西哥
13	委内瑞拉长期生态学研究网络	VLTERN	委内瑞拉
14	乌拉圭长期生态学研究网络	ULTERN	乌拉圭
15	瑞士森林生态系统观测网络	SFEON	瑞士
16	中国生态系统研究观测网络	CERN	中国
17	中国陆地生态系统定位观测研究网络	CTERN	中国
18	中国森林生态系统定位观测研究网络	CFERN	中国
19	中国台湾长期生态学研究网络	TERN	中国

在区域尺度上主要有亚洲通量观测网络（AsiaFlux）、欧洲生态系统观测与实验研究网络（AnaEE）和欧洲集成碳观测系统（Integrated Carbon Observing System，ICOS）等。在全球尺度上主要有全球陆地观测系统（Global Terrestrial Observing System，GTOS）、全球气候观测系统（Global Climate Observing System，GCOS）、全球海洋观测系统（Global Ocean Observation System，GOOS）和国际长期生态学研究网络（International Long Term Ecological Research Network，ILTER）、全球通量观测网络（FLUXNET）以及国际生物多样性观测网络（The Group on Earth Observations Biodiversity Observation Network，GEO-BON）、全球地球关键带观测实验研究网络（CZO）等，其监测对象几乎囊括了地球表面的所有生态系统类型，涵盖了包括极地在内的不同区域和气候带。

在国际上众多的长期监测网络中，美国长期生态学研究网络（US-LTER）是世界上建立最早、覆盖生态系统类型最多的国家长期生态研究网络，建于1980年，由代表森林、草原、农田、湖泊、海岸、极地冻原、荒漠和城市生态系统类型的26个站点组成，监测指标体系囊括了生态系统各类要素，包括生物种类、植被、水文、气象、土壤、降水、地表水、人类活动、土地利用和管理政策等（Viheraara et al.，2013）。在US-LTER的基础之上，美国国家生态观测网络（National Ecological Observatory Network，NEON）在2000年被正式提出。NEON是一个集监测、研究、试验和综合分析为一体的全国性网络平台，研究从区域到大陆尺度的重要生态环境问题。NEON网络将美国大陆、夏威夷和波多黎各共划分为20个生态气候区域，这些区域分别呈现不同的植被、地貌和生态系统动态，通过这种划分方式能够涵盖美国全域的生态和气候多样性（NEON）。

在众多已投入使用的监测网络中，NEON 的规划与布局所体现出的"典型抽样"思想对国家或区域尺度上科学规划生态系统监测网络具有借鉴意义。NEON 通过在典型的、能够反映美国客观环境变化的区域布设监测网络及野外站点来实现（Senkowsky，2003），包含 20 个生态气候区，覆盖相连的 48 个州，其中的每个区域代表一个独特的植被、地形、气候和生态系统集合（Carpenter et al.，1999）。区域划分边界依据多源地理聚类法（multivariate geographic clustering，MGC）确定（Hargrove and Hoffman，1999，2004）。

NEON 的总体构成分为两个层次：第一层次由独立的一级生态气候区（美国农业部林业总署提出的植被分区图）组成，而野外监测站点则由一级生态区内的研究机构、实验室和现有监测站组成；第二层次是由上述区域和站点所共同组成的全域国家监测网络（赵士洞，2005；Network，2004）。每一个区域内的监测单位被分为"核心站"和"卫星站"，由两者共同构成一个能够覆盖所在生态气候内不同生态类型的整体监测单元。目前，在整个 NEON 网络中，共有 20 个核心生态站，分属 20 个生态气候区，其具体信息见表 1-2。

表 1-2 美国 NEON 网络核心站及其科研主题

分区编号	分区名称	候选核心野外站点	科研主题	北纬（°）	西经（°）
1	东北区	Harvard 森林站	土地利用和气候变化	42.537	-72.173
2	大西洋中部区	Smithsonian 保育研究中心	土地利用和生物入侵	38.893	-78.140
3	东南区	Ordway-Swisher 生物研究站	土地利用	29.689	-81.993
4	大西洋新热带区	Guánica 森林站	土地利用	17.970	-66.869
5	五大湖区	圣母大学环境研究中心和 Trout 湖生物研究站	土地利用	46.234	-89.537
6	大草原半岛区	Konza 草原生物研究站	土地利用	39.101	-96.564
7	阿拉巴契亚山脉/坎伯兰高原区	橡树岭国际研究公园	气候变化	35.964	-84.283
8	奥扎克杂岩区	Talladega 国家森林站	气候变化	32.950	-87.393
9	北部平原区	Woodworth 野外站	土地利用	47.128	-99.241
10	中部平原区	中部平原试验草原站	土地利用和气候变化	40.816	-104.745
11	南部平原区	Caddo-LBJ 国家草地站	生物入侵	33.401	-97.570
12	落基山脉以北区	黄石北部草原站	土地利用	44.954	-110.539
13	落基山脉以南/科罗拉多高原区	Niwot 草原	土地利用	40.054	-105.582
14	西南沙漠区	Santa Rita 试验草原站	土地利用和气候变化	31.911	-110.835
15	大盆地区	Onaqui-Benmore 试验站	土地利用	40.178	-112.452

(续)

分区编号	分区名称	候选核心野外站点	科研主题	北纬（°）	西经（°）
16	太平洋西北区	Wind River试验森林站	土地利用	45.820	-121.952
17	太平洋西南区	San Joaquin试验草原站	气候变化	37.109	-119.732
18	冻土区	Toolik湖泊研究自然区	气候变化	68.661	-149.370
19	泰加林区	Caribou-Poker Creek流域研究站	气候变化	65.154	-147.503
20	太平洋热带区	夏威夷ETFLaupahoehoe湿润森林站	生物入侵	19.555	-155.264

NEON网络的监测站布局原则是每一个生态气候区中只有一个核心站。核心站是构成系统的长期监测的基准，具有全面、深入开展生态学领域的研究工作所需的野外设施、研究装置和综合研究能力，是用于研究气候变化影响的主要站点，以及研究导致生态变化和胁迫力的其他因素的参照站点。相比之下，卫星站数目众多，通常只具备捕获某些特定生态过程或现象的野外装置（赵士洞，2005），功能较为单一。目前，NEON共运营81个野外监测站点，其中包括47个陆地站点和34个淡水站点。NEON确定生态气候分区的分析方法为遴选NEON的核心站点提供了重要的标准，见表1-3。

表1-3 美国NEON网络核心站点遴选标准

标准序号	标准内容
标准1	最能代表该区划特征（植被、土壤/地貌、气候和生态系统特性）的野外站点
标准2	临近可重新定位的站点，这些站点可以针对包括区划内的连通性等区域性和大陆尺度的科学问题进行观测研究
标准3	站点全年均可进出，土地权属30年以上，领空权不受限制以便定期开展空中调查，可作为潜在的试验站点

NEON的野外监测站点实现实时监测所在区域内的生态变化以及跨区域和全域的大陆变化。通过计算每个区域范围的质心与每个潜在站点之间生态气候空间内的生态距离，NEON对各个区域内的潜在核心站点状况进行了综合评估，从而确定站点布局，再将潜在站点位置与生态区和气候栅格数据相对应，进而确保所遴选的站点按照定量比较结果在该生态区内最有代表性（赵士洞，2005）。通过核心站和卫星站的设计，能够对区域内不同生态梯度（如海拔和气候梯度）的动态特征和变化进行比较。此外，不同站点间能够对独特栖息地类型进行比较，并研究不同土地利用类型对生态系统的影响，基于多个区域的研究内容（表1-2）能够厘清全球变化因子（如人口增长、土地利用变化、污染、气候变化）如何影响跨生态气候区的生物系统和生态系统。

经过多年发展，监测手段和数据处理方法不断得到改进，以大数据为基础的联网监测成为新时代生物多样性保育和生态系统健康管理的关键（徐梦等，2022），生态监测网络的建设也更加注重标准化、规范化、自动化和网络化，研究内容更加重视生态要素和机理过程的长期性。生态系统监测研究已经从过去单纯的科研过程，发展成为政府决策或社会服务提供决策依据的信息渠道，日益得到各国政府和国际社会的关注和重视。

二、中国生态系统长期定位监测区划与布局研究进展

（一）中国生态区划研究进展

生态地理区划是按照自然界宏观生态系统的地域分异规律，划分形成不同等级的区域系统（王芳等，2024），也是自然地域系统研究引入生态系统理论后在新形势下的继承和发展，是在对生态系统客观认识和充分研究的基础上，应用生态学原理和方法，揭示自然生态区域的相似性和差异性规律，以及人类活动对生态系统干扰的规律，通过整合和分区划分生态环境的区域单元。生态地理区划充分体现了一个区域的空间分异性规律，有助于对单个区域内生物和非生物过程相关的地理和生态现象的理解，是认识区域生态与环境特征的宏观框架（王芳等，2024），在越来越多领域如流域监测评价体系中开始应用，可为制定差异化的空间治理措施提供科学依据（孔凡婕等，2023），是选择典型地区布设生态站的基础。

中国典型生态区划方案的区划原则既有共性原则，又有差异性原则。综合分析中国典型生态区划方案，除国家重点生态功能区和生物多样性保护优先区外，其他都是以自然地域分异规律为主导进行划分（郭慧，2014）。中国典型生态区划主要依据气候、地形地貌和植被的空间分布格局，体现了气候和地形地貌对于植被分布的影响，目前已有典型生态区划若干，不同的区划侧重点不同（郭慧，2014）。我国的现代自然区划研究始于1930年竺可桢发表的《中国气候区域论》，而后一系列研究工作随之展开，如1959年出版的《中国综合自然区划（初稿）》，以及20世纪80年代的《中国自然生态地理区划与大农业发展战略》（孔凡婕等，2023）。进入21世纪后，生态区划相关方法原则和指标体系快速发展，傅伯杰研究团队2001年提出了《中国生态区划方案》，同时考虑自然生态区和人类活动影响；陈百明研究团队2001年提出了《中国生态系统生产力区划》，强调人工生态系统的影响；郑度研究团队2008年提出了《中国生态地理区域系统研究》，突出生态系统服务功能。党的十八届三中全会首次提出了"建立国家公园体制"，将国家公园概念纳入政策视野和官方文件话语体系，开启了国家公园建设进程；2021年10月，我国从10个国家公园试点中正式设立了三江源国家公园、大熊猫国家公园、东北虎豹国家公园、海南热带雨林国家公园以及武夷山国家公园5个首批国家公园。这标志着我国以国家公园为主体的自然保护地体系建设发展进入新阶段（赵力等，2023）。

中国综合自然区划和中国生态地理区域系统是综合生态地理区划，对温度、水分指标的划分非常明确细致，但是在对地形和植被方面的划分较为粗糙。根据《中国生态地理区域系统研究》，中国生态地理区划分为20个气候区，具体信息如表1-4所示。

表 1-4　中国生态地理区域划分（郑度，2008）

序号	气候区
1	温带湿润地区
2	寒温带湿润地区
3	中温带湿润地区
4	中温带半湿润地区
5	中温带半干旱地区
6	中温带干旱地区
7	温带半干旱地区
8	温带半湿润地区
9	北亚热带湿润地区
10	温带干旱地区
11	高原温带干旱地区
12	中亚热带湿润地区
13	南亚热带湿润地区
14	高原温带半干旱地区
15	边缘热带湿润地区
16	中热带湿润地区
17	高原亚寒带干旱地区
18	高原亚寒带半干旱地区
19	高原亚寒带半湿润地区
20	高原温带湿润/半湿润地区

生态地理区域是宏观生态系统地理地带性的客观表现。生态地理区划通常是在掌握了比较丰富的生态地理现象和事实、大致了解了区域生态地理过程、全面认识了地表自然界的地域分异规律，并在恰当的原则和方法论的基础上完成生态地理区划划分（郭慧，2014）。通过对中国典型生态地理区划进行对比分析，选择适合构建森林生态系统长期监测研究台站布局区划的指标。

生态功能区划是根据区域生态系统格局、生态环境敏感性与生态系统服务功能空间分异规律，将区域划分成不同生态功能的地区（环境保护部和中国科学院，2015）。全国生态功能区划是以全国生态调查评估为基础，综合分析确定不同地域单元的主导生态功能，制定全国生态功能分区方案。全国生态功能区划是实施区域生态分区管理、构建国家和区域生态安全格局的基础，为全国生态保护与建设规划、维护区域生态安全、促进社会经济可持续发展与生态文明建设提供科学依据。我国现行的生态功能区划包括 3 大类 9 个类型 242 个生态功能区，具体信息如表 1-5 所示。将全国生态功能区按主导生态系统服务功能归类，分析各类生态功能区的空间分布特征、面临的问题和保护方向，形成全国陆域生态功能区（表 1-6）。同时，确定了 63 个重要生态功能区，覆盖我国陆地国土面积的 49.4%。

表 1-5 全国生态功能区划体系（环境保护部和中国科学院，2015）

生态功能大类（3类）	生态功能类型（9类）	生态功能区（242个）部分
生态调节	水源涵养	米仓山—大巴山水源涵养功能区
	生物多样性保护	小兴安岭生物多样性保护功能区
	土壤保持	陕北黄土丘陵沟壑土壤保持功能区
	防风固沙	科尔沁沙地防风固沙功能区
	洪水调蓄	皖江湿地洪水调蓄功能区
产品提供	农产品提供	三江平原农产品提供功能区
	林产品提供	小兴安岭山地林产品提供功能区
人居保障	大都市群	长三角大都市群功能区
	重点城镇群	武汉城镇群功能区

表 1-6 全国陆域生态功能区类型统计（环境保护部和中国科学院，2015）

主导生态系统服务功能		生态功能区（个）	面积（万平方千米）	面积比例（%）
生态调节	水源涵养	47	256.85	26.86
	生物多样性保护	43	220.84	23.09
	土壤保持	20	61.40	6.42
	防风固沙	30	198.95	20.80
	洪水调蓄	8	4.89	0.51
产品提供	农产品提供	58	180.57	18.88
	林产品提供	5	10.90	1.14
人居保障	大都市群	3	10.84	1.13
	重点城镇群	28	11.04	1.15

陆地生态系统，尤其是面积广阔的森林生态系统的环境多样性极其丰富，主要反映在海拔、气候、地形和植被的多样性上。如何选择具有代表性的区域设置森林生态系统监测站，开展长期连续定位观测，是进行森林生态系统生态效益评价的基础。生态地理区域的划分主要根据生态地理的地域分异规律进行，根据生态地理特征的相似性和差异性，以生态环境特点为基础，将大面积的区域根据温度、水分、植被、地形等情况的不同划分为相对均质的区域，按照从属关系得出一定的区域等级系统。每个生态区都有自己独特的生态系统特点和特征，形成不同于相邻区域生态系统的生态区。生态地理区划为地表自然过程与全球变化的基础研究，为环境、资源与发展的协调提供了宏观的区域框架。以生态地理区划为依据完

成生态站网络布局，是在大尺度范围内进行长期生态学研究，完成点到面转换的较好的方式（郭慧，2014）。

中国森林分布受纬度和海拔两大自然因素的影响，分布不均，主要分布在我国东部和西南（郭慧，2014）。中国森林区划侧重于森林类型自然分布和主要森林自然地理环境特点，将中国森林分为两级，很好地反映了我国森林的地带性分布特征。Ⅰ级区为"地区"，反映大尺度的自然地理区和较大空间范围内自然地理环境特征与地带性森林植被的一致性。Ⅰ级区的分界线基本上是比较完整的地理大区，一般以大地貌单元为单位，以大地貌的自然分解为主。Ⅱ级区为"林区"，反映较小尺度、更具体的自然地理环境的空间一致性。Ⅱ级区一般以自然流域或山系山体为单位，以流域和山系山体的边界为分界线。

（二）中国陆地生态系统监测布局研究进展

相比于发达国家渐趋成熟的生态系统定位观测网络，我国起步较晚。为了揭示陆地生态系统的结构与功能，从20世纪50年代末至60年代初，陆地生态系统定位观测研究站（以下简称生态站）在我国开始建设。经过几十年的建设与发展，我国已建成的针对生态系统监测研究的大型网络主要有两个：国家林业和草原局下属的国家陆地生态系统定位观测研究站网络（Chinese Terrestrial Ecosystem Research Network，CTERN）和中国科学院下属的中国生态系统研究网络（Chinese Ecosystem Research Network，CERN）。

隶属于国家林业和草原局的CTERN是以森林、湿地、荒漠等生态系统类型为研究对象的大型生态监测研究网络。该网络体系对生态系统结构与功能开展长期、连续、定位野外科学监测和生态过程关键技术研究，是国家林业科学试验基地，也是国家野外科学监测与研究平台的主要组成部分（国家林业局，2008a，2008b）。

1998年，国家林业局建立国家陆地生态系统定位观测研究网络，从单一的森林生态系统扩展到森林、湿地、荒漠、城市、竹林生态系统。2008年，国家林业局发布《国家陆地生态系统定位观测研究网络中长期发展规划（2008—2020年）》，2017年对该规划进行了修订。2019年，国家林业局编制《国家草原生态系统定位观测研究站发展实施方案（2019—2020年）》。2021—2022年，根据《生态保护和修复支撑体系重大工程建设规划（2021—2035年）》，新建10个生态站（国家林业和草原局，2023）。这标志着我国生态系统定位观测研究与建设进入了崭新的发展阶段。

目前，CTERN共有生态站220个，其中森林生态站107个、草原生态站14个、湿地生态站41个、荒漠生态站26个、城市生态站22个、竹林生态站10个，基本覆盖我国陆地生态系统主要类型和重点生态区域，为国家天然林资源保护、退耕还林还草、三北防护林、京津风沙源治理等重大生态工程建设，以及生态产品价值核算、生态系统服务评估等提供了数据支持和科技支撑，并在应对气候变化、国际履约方面发挥了重要作用（国家林业和草原局，2023）。

中国科学院下属的 CERN 网络自 1988 年开始筹建，现已成为覆盖农田、森林、草地、沙漠、沼泽、湖泊、海洋和城市等主要生态系统的生态网络体系。CERN 为我国的生态系统长期定位研究、生态系统与全球变化科学研究提供了野外科技平台，已有 36 个国家级野外台站。

国家生态系统观测研究网络（National Ecosystem Research Network of China，CNERN）是一个由现有隶属于不同部门的野外生态观测台站整合建立的国家级研究网络。CNERN 在国家层次上统一规划和设计，将各主管部门的生态站观测资源、设备资源及数据资源进行整合。CNERN 现有 18 个国家农田生态站、17 个国家森林生态站、9 个国家草地与荒漠生态站、7 个国家水体与湿地生态站以及国家土壤肥力站网、国家种质资源圃网和国家生态系统观测研究网络平台综合研究中心，初步形成了以行业为主的生态系统野外观测研究网络（卢康宁等，2019）。

近年来，随着卫星遥感技术的发展，生态环境部门不断革新生态系统监测手段和技术。2008 年，环境一号卫星成功发射；2009 年，环境保护部卫星环境应用中心正式成立；2012 年，开展全国生态环境十年变化（2000—2010 年）遥感调查与评估工作；2017 年，"绿盾"国家级自然保护区监督检查专项行动开始实施；2022 年，国家生态保护红线监管平台建成并上线运行（高吉喜，2022）。上述举措均发挥了卫星遥感技术在生态监测评估领域的巨大作用，并取得了积极成效。在此基础上，2022 年，生态环境部卫星环境应用中心创新提出并设计"五基"协同生态遥感监测体系。

"五基"体系是指集天基卫星、空基遥感、航空无人机、移动巡护监测车和地面观测设备五种手段为一体的生态遥感协同监测体系，其构成如图 1-1 所示。该体系将天基卫星"落

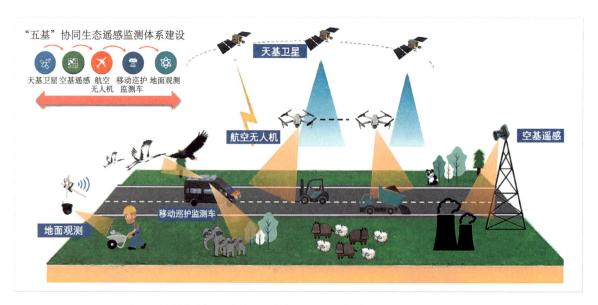

图 1-1 "五基"协同生态遥感监测体系构成示意（高吉喜，2022）

地"高空平台、将移动巡护监测车与卫星联动，创新实现对重点区域、重点目标的高精度、短周期协同监测，可全方位、全天候守护自然边界，有力地推动生态环境监测由点上向面上、静态向动态、平面向立体发展，是推动构建现代化生态环境监测体系的重要实践，进一步提升了生态环境管理精细化、信息化、智慧化水平。

（三）中国森林生态系统监测布局研究进展

森林生态站是林业科技创新的重要源头，是林业科技创新体系不可缺少的重要组成部分，可为有效保护和建设生态环境、合理利用自然资源、发展可持续林业、减灾防灾、应对气候变化、参与国际谈判和履行国际公约等提供科学依据，为满足国家需求作出突出贡献。森林生态站与室内实验室在功能上实现互补，两者具有同等重要的地位。因此，森林生态站又被誉为"野外实验室"。森林生态系统定位观测网络布局是以行政区划、自然区划与森林资源清查公里网格为依据，采用《中国森林》中森林分区的原则，根据国家生态建设的需求和面临的重大科学问题，以及各生态区的生态重要性、生态系统类型的多样性等因素，并针对区域内地带性森林类型（优势树种）的监测需求，明确优先建设的拟建森林生态站名称和地点，构成森林生态系统定位观测研究网络（牛香等，2022）。

20世纪50年代末，国家结合自然条件和林业建设实际需要，在川西、小兴安岭、海南尖峰岭等典型生态区域开展了专项半定位观测研究，并逐步建立了森林生态站，这标志着中国森林生态系统定位观测研究的开始。中国森林生态系统定位观测研究网络经历了四个发展阶段：第一阶段，20世纪50年代至70年代为专项半定位观测研究阶段，在川西、小兴安岭等地开展专项半定位观测研究，并逐步建立森林生态站；第二阶段，20世纪70年代至21世纪为森林生态站长期定位观测研究阶段，森林生态站数量达到25个；第三阶段，21世纪初至2012年为生态站联网观测研究阶段，森林生态站数量达到75个；第四阶段，2012年开始进入森林生态站标准体系实施阶段，至2024年共建立127个森林生态站，横跨纬度30°，代表不同的气候带，覆盖了中国从寒温带到热带、湿润地区到干旱地区的大部分植被和土壤地理地带，基本形成了由北向南热量驱动和由东向西水分驱动的可以进行梯度观测的森林生态学研究网络，森林生态站分布图如图1-2所示。

郭慧等（2014）在NEON"典型抽样"思想的指导下，通过分层抽样、空间叠置分析，集合地统计学方法，将地理信息系统的空间分析功能应用到森林生态系统长期定位观测网络布局研究中，并对森林生态系统长期定位观测网络布局监测范围和站点数量的合理性进行了重新评估。该研究从森林、重点生态功能区和生物多样性保护优先区三个角度，对国家尺度的森林生态长期定位观测网络的生态站监测区域进行合理性分析。通过复杂区域均值模型对我国森林生态长期定位观测网络布局和合理性进行分析的研究表明，我国森林生态系统长期定位观测网络将我国森林划分为147个分区，共规划森林生态站190个。

图 1-2 中国森林生态系统定位观测研究网络

CFERN 作为国家林业科技研究的基础平台，在完成陆地生态系统水分要素、土壤要素、气象要素和生物要素基本观测的基础上，以系统性、集成性和可操作性的科学问题为纽带，以国家需求为导向，按照"多站点联合、多系统组合、多尺度拟合、多目标融合"的发展思路，针对森林生态系统，开展大流域、大区域、跨流域、跨区域的重大专项科学研究。CFERN 通过生态梯度耦合的研究方法积累大量的数据，对中国森林生态系统的结构、功能规律及反馈机理进行研究（徐德应，1994；蒋有绪，2000）。此外，以长期定位观测站点为基础，开展了区域和全国范围的大尺度森林生态系统监测和生态环境变化趋势研究，为解决碳达峰、碳中和等热点问题提供强有力的决策依据（王兵和宋庆丰，2012）。

国家森林资源连续清查，是以宏观掌握森林资源现状及其动态变化，客观反映森林的数量、质量、结构和功能为目的，以省（自治区、直辖市，以下简称省）或重点国有林管理局为单位，设置固定样地为主进行定期复查的森林资源调查方法，简称"一类清查"（国家林业和草原局调查规划设计院，2020）。其成果是反映全国和各省份森林资源与生态状况，制定和调整林业方针政策、规划、计划及监督检查各地森林资源消长任期目标责任制的重要依据（陈雪峰等，2004；师贺雄等，2016；王兵，2016）。我国第一次森林资源清查始于 1973 年，依据现行标准中清查周期为 5 年的要求，截至目前，已进行了九次全国森林资源清查。根据第九次（2014—2018 年）全国森林资源清查数据，目前全国森林覆盖率达

22.96%，森林总面积为 2.2 亿公顷（师贺雄等，2016；汪求来等，2020）。

森林生态状况是国家生态文明建设的重要成果，且我国森林空间跨度大、覆盖面积广、资源条件丰富、生物多样性高，森林生态系统类型复杂且多样，要对其资源及现状进行科学评估，则需要一套科学、完整、可靠的森林生态连清技术和体系作为数据支撑和研究平台。自 1994 年我国颁布了《国家森林资源连续清查主要技术规定》以来（陈雪峰等，2004），该规定不断得到完善和发展。直至 2009 年《中国森林生态服务功能评估》正式发布，森林生态连清技术开始被应用于全国森林资源清查工作中（王兵，2015）。

森林生态连清技术是森林生态系统服务全指标体系连续观测与清查技术的简称，是以生态地理区划为单位，以国家现有森林生态站为依托，采用长期定位观测技术和分布式测算方法，定期对同一森林生态系统进行重复的全指标体系观测与清查的技术（王兵，2015）。森林生态连清技术体系中主要包含两个分体系，即野外观测连清体系和分布式测算评估体系，如图 1-3 所示。野外观测连清体系是构建森林生态连清体系的重要基础和数据保证，其基本要求是统一测度、统一计量、统一描述，而观测体系的布局和建设则为森林生态连清提供基本平台（王兵，2015）。分布式测算评估体系是森林生态连清精度保证体系，可以解决森林生态系统结构复杂，涉及森林类型较多，森林生态状况测算难以精确到不同林分类型、不同林龄及起源等问题。同时，也可以解决观测指标体系不统一、难以集成全国森林大数据和尺度转化难等问题（姜健发，2019）。

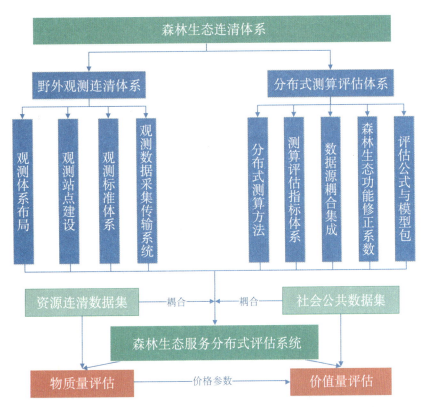

图 1-3　我国森林生态系统连续观测与清查体系框架结构与主要内容示意图（王兵等，2020）

分布式测算评估体系是在野外观测所采集的海量数据的基础上，将复杂的评估过程分解成若干个测算单元，然后逐级累加得到最终的评估结果，其组成和流程如图1-4所示。如此，可以使得每个评估单元内森林生态站观测的大数据进行综合处理，避免了更大尺度上处理大数据的繁琐步骤。从第七次全国森林资源清查开始，国家林业局（现国家林业和草原局）通过CFERN进行了"中国森林生态系统服务"的评估，这是一个依靠森林生态连清技术进行的全国森林生态系统服务评估，使得以全国森林生态站为观测平台的森林生态连清成为常态工作（王兵，2015）。目前，森林生态连清技术构架基本完善，已成为我国森林生态系统服务、退耕还林生态效益评估、绿色国民经济核算等适用技术，为我国森林经营管理、森林水土保持功能评估、生态恢复等提供科学的数据支撑（王兵，2016）。

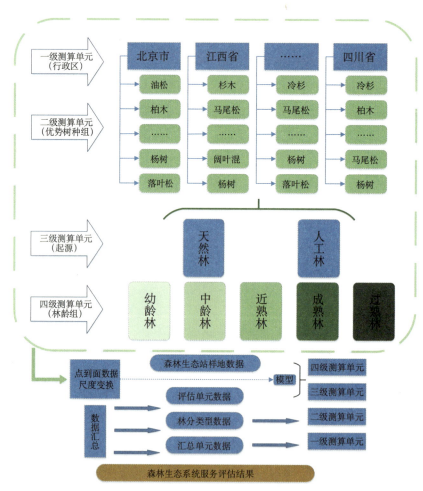

图1-4 森林生态系统服务分布式测算方法（王兵等，2020）

三、秦岭森林生态系统监测区划与布局的目的意义

2024年3月，中共中央办公厅、国务院办公厅发布《关于加强生态环境分区管控的意见》，强调"生态环境分区管控是以保障生态功能和改善环境质量为目标，实施分区域差异化精准管控的环境管理制度，是提升生态环境治理现代化水平的重要举措"，并指出，到

2025年生态环境分区管控制度基本建立，全域覆盖、精准科学的生态环境分区管控体系初步形成；到2035年，体系健全、机制顺畅、运行高效的生态环境分区管控制度全面建立，为生态环境根本好转、美丽中国目标基本实现提供有力支撑。其中，监测区划研究是实施生态环境分区管控的基础和先行条件。

秦岭生态功能区以森林生态系统为主体，其具备植被类型丰富、植被垂直带谱完整等特点。然而，在秦岭区域，以森林生态系统为监测目标开展长期监测和价值核算的生态观测站十分缺乏。在我国现阶段运行的主要观测网络中，包含对秦岭区域森林生态系统进行长期定位监测的生态站只有寥寥数个（表1-7）。秦岭林区森林生态系统定位观测研究站位于火地塘实验林场，是秦岭陕西段唯一的森林生态系统国家野外科学观测研究站。该站始建于1980年，2000年秦岭生态站进入国家重点野外科学观测试验站（试点站），2006年正式成为国家重点野外科学观测试验站（陕西秦岭森林生态系统国家野外科学观测研究站）。此外，中国森林生物多样性监测网络（Chinese Forest Biodiversity Monitoring Network，CForBio）在秦岭皇冠镇设立了25公顷森林动态监测站，主要针对生物多样性和物种组成开展监测和研究。

表1-7 秦岭区域现有森林生态系统观测研究站

序号	生态站名称	所属单位	地理位置	东经（°）	北纬（°）
1	甘肃白龙江森林生态系统国家定位观测研究站	甘肃省林业和草原局	甘肃省舟曲县武坪乡插岗梁自然保护区沙滩保护站	104.151	33.703
2	甘肃小陇山森林生态系统国家定位观测研究站	甘肃省林业和草原局	甘肃省天水市秦州区娘娘坝镇小陇山林业实验局	105.9	34.117
3	河南宝天曼森林生态系统国家定位观测研究站	中国林业科学研究院	河南省南阳市内乡县宝天曼自然保护区平坊林区	111.95	33.486
4	陕西秦岭森林生态系统国家定位观测研究站	西北农林科技大学	陕西省宁陕县城关镇西北农林科技大学火地塘实验林场	108.453	33.432

就秦岭地区已有的生态站和自然保护区现状而言，大多观测和保护工作所面向的对象是水资源、生物多样性和濒危物种，针对秦岭丰富森林资源的观测研究极度缺乏，并且现有生态站无法有效覆盖重要森林类型，同时存在现有生态站缺乏关联性及观测标准和数据指标不成体系、不统一等问题。目前，对于秦岭森林生态系统的观测研究有限且匮乏，难以代表秦岭地区真实生态系统组成与资源现状。因此，秦岭生态学研究急须建立多站点联合、统一的生态监测网络，为实时掌握秦岭生态系统动态变化提供有效保障。

建设秦岭森林生态系统连清体系的重要意义体现在以下四个方面：

（一）建设秦岭生态系统连清体系，是牢记"国之大者"当好秦岭卫士切实举措

近年来，陕西省认真贯彻落实习近平总书记关于秦岭生态环境保护重要指示批示精神，切实扛起保护秦岭的重大政治责任，以铁的决心、铁的措施、铁的手腕，在推进秦岭生态环境保护与生态修复工作方面实现了新的突破与进展。要成为合格的秦岭生态卫士，必须认真贯彻落实习近平总书记关于秦岭生态环境保护的重要指示批示精神，始终牢记"国之大者"。在日常工作中，当卫士，要确保秦岭生态环境保护工作常态化、长效化，使秦岭美景永驻、青山常在、绿水长流。作为秦岭生态卫士，相关部门要脚踏实地，认真履行本职工作，严格遵守法律，做到令行禁止，要以白发换青山，以顽强的意志、饱满的热情，完成各项保护工作，旗帜鲜明，敢于斗争，勇做秦岭生态保护岗位上的"螺丝钉"。同时，科研工作者要不断深入钻研专业技术知识，努力提升自身素质，练就一身硬本领，成为秦岭生态环境保护领域的专家和技术骨干，及时监测秦岭生态环境状态变化，认知生态系统时空演变规律，揭示生态系统运维过程机理，定量评价生态系统功能状态及服务能力，预测生态系统动态演变及地理格局，预警生态系统变化及生态环境灾害，为生态文明建设奠定坚实的科学基础。在新征程上，我们要致力于保护、挖掘及展示秦岭丰富的生态价值、文化价值和历史价值，守护好秦岭生态环境，担当好秦岭生态卫士这一角色，助力秦岭生态环境实现高水平保护和高质量发展。

（二）标准化生态系统监测体系是筑牢国家生态安全屏障的重要需求

自然保护地是筑牢国家生态安全屏障、建设美丽中国的重要载体，其核心功能是保护生态系统的原真性和完整性，也是生物多样性保护的基础。秦岭横卧中华地理版图的中央，和合南北，分野黄河、长江两大水系，是东亚大陆亚热带与暖温带气候带的交界转换带，是中国大陆的地理、地质、气候、生态环境、人文天然分界带。秦岭自然生态系统以森林为主，草地、湿地散布其间，是众多野生动植物的天然乐园，是自然生态系统最重要、自然景观最独特、自然遗产最精华、生物多样性最富集的区域之一，具有全球价值。因此，秦岭地区针对自然生态系统、生物多样性、环境要素等进行长期连续、系统的观测与记录，其意义重大。通过双测，能够了解秦岭自然资源状况，为秦岭自然资源保护和可持续利用提供有效信息。同时，这种双测还能识别和预警生物多样性和生态系统动态变化和威胁因素，全面解析自然保护地生态系统的健康状况与潜在风险，为生物多样性和生态系统的保护管理提供必要的数据和信息，进而评估保护管理工作成效，为实现长期保护管理目标提供支撑。

（三）标准化生态系统监测体系是筑牢国家生态安全屏障的重要需求

秦岭是我国原真性、完整性生态系统的核心组成部分，受全球变化和人类活动干扰的长期影响，秦岭生态系统结构和组成发生了巨大变化。长期以来，我国自然保护地的生态系统和生物多样性监测手段落后，仍以人力调查为主，无法有效获取生态系统动态变化信息，保护地的健康管理缺乏有效的科技支撑。建立秦岭生态系统连清体系，同时开展水文、土

壤、气候、生物四大类标准化监测工作，开展多站点联网监测与示范，解决当前秦岭自然保护地监测领域自动化水平不高、匹配度低、观测精度有限等瓶颈问题，建立覆盖全区的地面—航空—卫星遥感多维度、立体化观测网络体系，形成层次清晰、功能完善、覆盖全秦岭主要生态区域的生态监测网络。为全面解析自然保护地生态系统的健康状况与潜在风险，准确预测其生态系统多功能性的变化趋势，提升国家自然保护区生态保护功能及实现自然保护地健康管理提供科学基础和数据支持，加快构建坚实稳固、支撑有力的国家生态安全屏障。

（四）推动秦岭"绿水青山"好颜值变"金山银山"高价值的现实需要

生态系统功能是生态系统服务的基础，生态系统服务则是生态系统功能中有利于人类福祉的部分。森林生态系统是维持人类生存、生产、生活和生计的重要物质资源与生态环境保障，承担着生态产品供给、水源涵养、水质净化、防风固沙、固碳增汇、调节气候、物质循环、生物多样性保护、生态康养等多种服务功能，具有极高的生态系统服务功能价值，是生态文明和美丽中国建设的重要载体，也是陆地生态系统碳汇的主体，在实现我国"双碳"目标中发挥"压舱石"作用。生态系统服务价值化实现的实质就是生态产品的使用价值转化为交换价值的过程。实现生态成果的价值变现，才能在发展中实现有效保护，在保护中得到可持续发展，"绿水青山"才能真正变为"金山银山"。

习近平总书记的多次重要讲话概括了自然生态系统的生物多样性保护（种库）、水源涵养（水库）、生态碳汇（碳库）、食物供给（粮库）、经济发展（钱库）5个方面的基本价值，自然生态系统是地球生命系统的生物基因和物种库（种库），又是绿色有机碳库（碳库）和清洁淡水资源库（水库）。生物健康、气候适宜、水洁土沃的生态系统便可生产丰富的食物能量、蛋白和脂肪，以及纤维、木材和药材，成为供给人类生活资料和食物资源的宝库（粮库）。进而，通过对生态系统的"碳库""种库""水库""粮库"的综合评估和核算，促进经济繁荣（钱库），实现"绿水青山就是金山银山"的目标。生态系统"种库"功能是一切生态功能和价值的生物基础和核心载体，也是调控生态系统结构与功能的关键抓手；广义"碳库"功能是生态系统生产力和调节气候变化的能力属性；"水库"功能与"粮库"功能是人类生存不可替代的基本生活资源；"钱库"功能则是物质生产和经济活动的价值体现。

传统的森林资源连清仅仅回答了"有多少绿水青山、在哪里分布"的命题，生态绿色核算则连接了"绿水青山"和"金山银山"，回答了"绿水青山能价值多少金山银山"的重要命题。建立秦岭生态系统连清体系，利用标准化监测数据，开展生态经济林生态服务功能价值评估，在秦岭典型区域开展生态绿色核算，精准化探寻生态资源的空间、数量和质量的合理配置，以直观的货币形式展示秦岭森林生态系统为社会提供的生态价值，用数据完美体现习近平总书记对于林业"三增长"的殷切期望，对实现美丽中国具有现实意义。

第二章
秦岭区位特征及自然资源禀赋状况

"秦岭和合南北,泽被天下",是我国南北方地区的分界线,是亚热带和暖温带的过渡带。秦岭水平和垂直方向显著的气候差异和复杂的地形地貌,造就了动植物生活环境的复杂性和多样性,使其拥有了丰富的自然资源禀赋。秦岭作为我国重要的生态安全屏障,在水源涵养、生物多样性保育、固碳释氧方面提供着重要生态服务功能,被誉为我国的"中央水塔"和"中华绿芯",在生态文明建设中具有十分重要的地位。

一、区位特征
(一) 地理位置

秦岭是横亘于我国中部的东西走向的巨大山脉。广义的秦岭是西起甘肃省临潭县北部的白石山,以昆仑山与迭山山脉分界,北临渭河,南面汉江,其主峰为太白山,向东经天水南部的麦积山进入陕西,在陕西与河南交界处分为三支,其中北支为崤山,中支为熊耳山,南支为伏牛山,东西长约1600千米,南北宽约300千米(图2-1)(辛蕊和段克勤,2019)。

狭义的秦岭主要指的是秦岭山脉的中段(陕西段),东西长约500千米,南北宽约150千米,平均海拔1000米以上,主峰太白山海拔3771.2米。秦岭陕西段包括商洛市全部行政区域和西安市、宝鸡市、渭南市、汉中市、安康市部分行政区域,涉及39个县(市、区)[13个县(区)全境和26个县(市、区)部分区域](表2-1),总面积5.82万平方千米,约占6个设区市行政区划面积的52%。

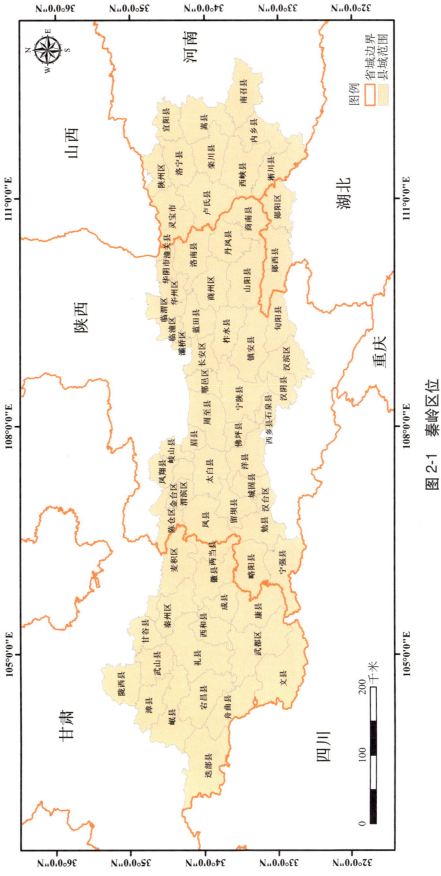

图 2-1 秦岭区位

表 2-1 秦岭生态环境保护范围

西安市	宝鸡市	渭南市	汉中市	安康市	商洛市
灞桥区* 临潼区* 长安区* 鄠邑区* 蓝田县* 周至县*	渭滨区* 陈仓区* 岐山县* 眉县* 太白县 凤县	临渭区* 华州区* 华阴市* 潼关县*	汉台区* 城固县* 洋县* 西乡县* 勉县* 宁强县* 略阳县* 留坝县 佛坪县	汉滨区* 汉阴县* 石泉县* 宁陕县 紫阳县* 岚皋县* 旬阳县*	商州区 洛南县 丹凤县 商南县 山阳县 镇安县 柞水县

注：①带*的县（市、区）为部分乡（镇）、街道办事处。
②按照国家行政区划确定秦岭范围所涉及县（市、区），6个开发区（西安高新区、宝鸡高新区、安康高新区、安康瀛湖生态旅游区、安康恒口示范区、商洛高新区）未列入，6个开发区履行相应辖区内秦岭生态环境保护职责。

（二）重要生态功能

秦岭是我国生物多样性保护优先区域之一，也是国家重点生态功能区，具有水源涵养、生物多样性保护及水土保持等重要生态服务功能，是国家重要生态安全屏障。

1. 生物多样性保护优先区

《中国生物多样性保护战略与行动计划（2011—2030年）》划定的中国生物多样性保护优先区可作为森林生态系统观测网络重要布局区域划分指标。根据我国的自然条件、社会经济状况、自然资源以及主要保护对象分布特点等因素，《中国生物多样性保护战略与行动计划（2011—2030年）》将全国划分为8个自然区域，综合考虑生态系统类型的代表性、特有程度、特殊生态功能，以及物种的丰富程度、珍稀濒危程度、受威胁因素、地区代表性、经济用途、科学研究价值、分布数据的可获得性等因素，划定了35个生物多样性保护优先区域，包括秦岭区、三江平原区、祁连山区和大兴安岭区等32个内陆陆地及水域生物多样性保护优先区域，以及黄渤海保护区域、东海及台湾海峡保护区域和南海保护区域3个海洋与海岸生物多样性保护优先区域。

秦岭生物多样性保护优先区域位于秦岭山区，地跨河南省、陕西省和甘肃省。优先区域总面积为66665平方千米，涉及3个省的46个县级行政区，包括25个国家级自然保护区（表2-2）。

表 2-2 秦岭区域 25 处国家级自然保护区

序号	保护区名称	所属省份	类型	始建时间（年）
1	太白山国家级自然保护区	陕西	森林生态	1965
2	宝天曼国家级自然保护区	河南	森林生态	1980
3	小秦岭国家级自然保护区	河南	森林生态	1982
4	甘肃小陇山国家级自然保护区	甘肃	森林生态	1982

(续)

序号	保护区名称	所属省份	类型	始建时间（年）
5	伏牛山国家级自然保护区	河南	森林生态	1982
6	佛坪国家级自然保护区	陕西	野生动物	1978
7	牛背梁国家级自然保护区	陕西	野生动物	1980
8	汉中朱鹮国家级自然保护区	陕西	野生动物	1983
9	周至国家级自然保护区	陕西	野生动物	1984
10	太白湑水河珍稀水生生物国家级自然保护区	陕西	野生动物	1990
11	老县城国家级自然保护区	陕西	野生动物	1993
12	长青国家级自然保护区	陕西	野生动物	1994
13	南阳恐龙蛋化石群国家级自然保护区	河南	古生物遗迹	1998
14	陇县秦岭细鳞鲑国家级自然保护区	陕西	野生动物	2001
15	桑园国家级自然保护区	陕西	野生动物	2002
16	紫柏山国家级自然保护区	陕西	野生动物	2002
17	丹凤武关河珍稀水生动物国家级自然保护区	陕西	野生动物	2002
18	略阳珍稀水生动物国家级自然保护区	陕西	野生动物	2002
19	黑河珍稀水生野生动物国家级自然保护区	陕西	野生动物	2003
20	天华山国家级自然保护区	陕西	野生动物	2003
21	摩天岭国家级自然保护区	陕西	野生动物	2003
22	观音山国家级自然保护区	陕西	野生动物	2003
23	平河梁国家级自然保护区	陕西	野生动物	2006
24	黄柏塬国家级自然保护区	陕西	野生动物	2006
25	秦州珍稀水生野生动物国家级自然保护区	甘肃	野生动物	2010

2.国家重点生态功能区

2010年，国务院印发的《全国主体功能区规划》以保障国家生态安全重要区域及人与自然和谐相处的示范区为功能定位，经综合评价建立包括大兴安岭森林生态功能区等25个地区，总面积约386万平方千米。国家重点生态功能区主要分为4种类型，即水源涵养型、水土保持型、防风固沙型和生物多样性维护型。

秦岭主要包括秦巴生物多样性生态功能区以及秦岭水源涵养生态功能区（表2-3）。秦巴生物多样性生态功能区是我国中部东西走向的最大山脉，是暖温带和北亚热带气候的天然屏障和分界线，也是中国—喜马拉雅和中国—日本两个森林植物亚区的交会区、古北界和东洋界动物区划的分界线，在自然地理和动植物区划上均具有明显的过渡带特点，在生态系统、物种和基因层次上的生物多样性特点也较为突出。秦岭生态功能区共分一级区（生态区）6个、二级区（生态亚区）10个、三级区（生态功能区）51个（附表1），最终形成"三屏两带"的生态安全战略布局。秦岭生态功能区分为5种类型（附表2），分别为生物多样性保护、土壤保持、水土涵养、防风固沙、农业生产。限制开发的重点生态功能区界限划分尽量与自然地理格局相一致，避免破碎化。

表 2-3 秦岭重要生态功能区

区域	类型	综合评价	发展方向
秦巴生物多样性生态功能区	生物多样性保护	亚热带和暖温带过渡的地带，生物多样性丰富，是珍稀动植物的分布区，目前水土流失和地质灾害问题突出，生物多样性受到威胁	减少林木采伐，恢复山地植被，保护野生物种
秦岭水源涵养生态功能区	水源涵养	森林破坏、坡地开垦、矿产资源开发等引发水土流失、滑坡、泥石流等问题严重，生态系统退化	实施天然林保护，封山育林，植树造林，提高水源涵养功能，合理规划，适度发展生态旅游

二、自然地理条件

（一）地质条件

秦岭山地是古老的褶皱断层山地，秦岭北部早在 4 亿年前就已上升为陆地，遭受剥蚀；秦岭南部却淹于海水之中，接受了古生时期的沉积。在距今 3.75 亿年的加里东运动中，秦岭南部隆起，露出海面。在 2.3 亿年前晚古生代的海西运动时期，秦岭北部也崛起上升。至三叠纪，受距今 1.95 亿年的印支运动的影响，秦岭与海完全隔绝，其雄伟的身姿基本成型。进入中生代以后，秦岭林区主要以剥蚀作用为主，是周围低洼地区的物质供给地。距今约 8000 万年的燕山运动使秦岭形成了以断块活动为主的南北褶皱带构造格架。此后，秦岭又在喜马拉雅山运动的强烈改造下，经大幅度的块断式垂直升降运动，最终形成了现今秦岭的格局。

秦岭的演变，在中生代以前和以后的变化是非常大的。中生代三叠纪时期，中秦岭和南秦岭地区形成了褶皱山隆起带，成为一个广阔的侵蚀地区；秦岭以南和巴山地带，是一个广阔的沉降地区；北秦岭（包括渭河断陷谷地）是介于中、南秦岭剥蚀地区与鄂尔多斯沉积区之间的过渡地区。当时，南秦岭的河流往南流入巴山、四川一带的海相盆地，中秦岭的河流往北流入鄂尔多斯内陆盆地。

侏罗纪时期，秦岭地带，包括北秦岭、中秦岭和南秦岭，成为具有差异震荡运动的古老准平原，并形成了凤县、商县、勉县和紫阳等许多侏罗纪含煤地质构造区域（地带）。秦岭两侧广阔的沉降、沉积地区在逐步收缩，分别向南向北后退；而秦岭地带隆起剥蚀地区却在逐渐扩大。从地貌上看，起伏突出变为平缓，而流域盆地增多且规模变小，分布分散，因而形成了许多侏罗纪的含煤盆地。而两侧河流仍流向陕北和四川盆地中。

燕山运动时期，秦岭地带进一步隆起，并伴有岩浆运动。由于秦岭巴山的隆起，南坡河流向四川盆地移动。由于岩浆活动和差异隆起，绝大多数内陆小型含煤盆地逐渐沉降得越来越低，河流侵蚀更为强烈。因此，在秦巴山区两侧的内陆盆地中沉积的白垩系地层的底部和秦岭山地中的盆地里，形成了大量的砾岩。

新生代早第三纪，由于构造运动和缓，因而在这个广泛的均夷作用时期，山地又一次逐渐被剥蚀成准平原。在秦岭地区广阔的准平原上分散着许多小盆地，其面积逐渐扩大。在这一时期，除了如徽县和商县这种已经扩大了的中生代盆地外，还发育了如商洛和安康等新盆地。秦岭地区的古老河流自然流入了这些分散的盆地。实际上，汉江或许已经大体上发育成现今的形态。当时汉江的源头可能向西穿过嘉陵江，而现今的嘉陵江河源可能就是那时期汉江的源头。因此，汉江可能是秦岭山区早第三纪准平原上早已形成的古老大河。

早第三纪至晚第三纪过渡时期，通过喜马拉雅运动的影响，秦岭又进行了隆升。这次隆升开始分裂成许多倾斜的断块，并在以前沉积的基础上，形成了许多断块盆地，如徽县盆地、洛南盆地、商县盆地和安康盆地，以及在其他区形成的盆地，如汉中盆地。渭河断陷谷地以深断裂与秦岭带分开。秦岭大小断块的形成，分割了早第三纪的准平原，形成了最高一级的夷平面——今天海拔2300～3500米的太白山跑马梁面；其次一级的海拔2600～2900米，以终南断块和佛坪断块岭脊为代表，包括玉皇山、首阳山、终南山、兴隆岭、草链岭的夷平面和海拔1600～2200米，以华山、蟒岭、流岭、马道岭、柴关岭为代表的共三个夷平面。而通过三趾马和在蓝田公王岭地层中发现的大量南方来的动物群的遗迹可以推断当时秦岭的海拔不会超过1000米，从而证明三个夷平面如此大的高程是在第四纪时期中逐步形成的。在分水脊以南的大多数河流都向南流入汉江，而黑河由于水量丰富，足以抗衡秦岭和缓的抬升运动，所以继续向北流入渭河断陷盆地。

到了晚第三纪和早更新世时期，秦岭又发生强烈的垂直升降运动。进入中更新世时期，秦岭山地的上升运动以区域性间歇式抬升为主。而后随着地壳的宁静和上升的交替，逐步形成了第三、第二和第一级阶地。秦岭山地的地貌格局基本形成。

秦岭特殊的地理位置和旷大的空间范围，孕育了多姿多态的地貌景观（图2-2），如断块山地（以华山为代表）、冰缘地貌（石海、石河）、冰川地貌（冰斗湖、角峰、刃脊）、岩溶地貌（紫柏山）、蛇曲地貌（旬阳县城）、山崩地貌（翠华山）。

秦岭造山带位于中国大陆的中央地带，它扮演着中国地理区域划分的重要角色，界定了华北板块与华南板块的相对运动（李曙光，1997；王鸿祯，1982）。秦岭造山带位于中国中央造山带的中部，西接祁连山造山带，东临大别造山带，经历多期次的碰撞造山过程（杨经绥等，2003）。中生代以来的区域隆升，无数断层的活动以及地质侵蚀作用，导致了众多花岗岩浆岩和蛇绿岩带的暴露。总的来说，由三个主要的构造岩石地层单元组成。

（1）前寒武纪基底岩系，主要为变质结晶岩系及火山—沉积浅变质岩系。

（2）晚元古代—中三叠世主造山期板块构造和垂向增生构造控制的构造岩石地层单元，主要为陆块板内底侵蛇绿岩、花岗岩系。

（3）中新生代后造山期的陆内断陷和陆盆地沉积及花岗岩浆活动形成的构造岩石地层单元（张国伟等，1995）。

图 2-2 秦岭地貌景观

注：a 为华山西峰；b 为太白山石河；c 为太白山大爷海；d 为紫柏山岩溶漏斗；e 为安康旬阳县；f 为翠华山山崩巨石。

秦岭造山带受华北板块和扬子板块碰撞、抬升运动而产生，形成了"三块夹两缝"的构造区划特征，以勉略板块缝合带、商丹板块主缝合带为断裂构造分界线，切割形成北秦岭构造带、南秦岭构造带和扬子北缘（张国伟等，2003）。其中，南、北秦岭构造带是秦岭山脉的岩组重要构成，北秦岭构造带位于洛南—栾川—方城断裂以南、商丹断裂以北，是秦岭造山带变质变形最强烈区（曾威等，2023）。自南向北依次为丹凤岩群、松树沟蛇绿岩、秦岭岩群、二郎坪群、宽坪岩群和陶湾群，而秦岭岩群是北秦岭造山带主体岩组，主要为前寒武纪基底变质杂岩，包括片麻岩、角闪岩、钙硅酸盐岩、麻粒岩和大理岩等（陶帅等，2022）。南秦岭构造带主要为勉略构造带及其以南区域，包括碧口群、西乡群、三花石群、耀岭河群及郧西群，由南秦岭增生杂岩带、南秦岭岛弧杂岩带及南秦岭弧前盆地系组成，岩性复杂，主要包括基性、超基性火山岩及火山杂岩（王宗起等，2009）。断层走向由东西向逐渐向北西—南东展布，西部断裂带走向长度略短，为较稀疏的断裂带，而东部断裂带走向延伸长且更密集（申艳军等，2024）。

（二）地形特点

由于内外应力的差异，秦岭呈现明显的南北不对称（图 2-3）。南坡既长又和缓，沟长水远，河流多为横切背斜或向斜，河流中上游也多峡谷；而秦岭北坡陡且峻，断层深谷密布，是一条极大的断层，秦岭循着断层上升，而渭河谷地则循断层下降，古有"九州之险"之称。

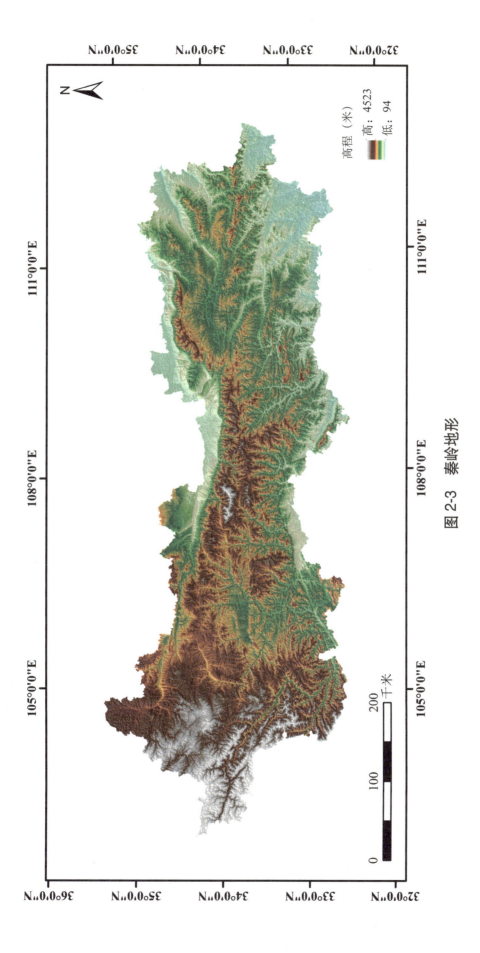

图 2-3 秦岭地形

坡度与土地覆被类型密切相关。秦岭山地的坡度主要以缓坡（41.99%）、平坡（25.79%）和斜坡（24.36%）为主，三者占秦岭山地总面积的92.14%，陡坡（6.96%）次之，急坡（0.86%）再次之，险坡（0.04%）最少（表2-4）。其中，急坡和险坡主要分布秦岭分水岭以及秦岭西部高山区；缓坡、斜坡、陡坡分布于秦岭山地大部分地区；平坡主要分布于汉中盆地、丹江口以及秦岭北坡的渭河谷地。

表2-4 秦岭山地不同坡度面积统计

坡度分级	平坡	缓坡	斜坡	陡坡	急坡	险坡
坡度（°）	0~5	5~15	15~25	25~35	35~45	>45
面积占比（%）	25.79	41.99	24.36	6.96	0.86	0.04

秦岭山地主要以低山和中山为主，二者占秦岭山地总面积的比例为79.6%，其中秦岭山地面积最大的是中山；其次是低山，分别占秦岭山地总面积的53.8%和25.8%；海拔小于500米的平地，主要分布在秦岭南坡的河谷地带以及北坡的关中平原部分，占总面积的19.3%；海拔大于3000米的高山主要位于秦岭主峰太白山—鳌山一带和甘肃境内的迭山、白石山地区，占秦岭山地总面积的1.1%（表2-5）。

表2-5 秦岭山地不同山地类型面积统计

分级	平地（19.3%）	低山（25.8%）	中山（53.8%）		高山（1.1%）
			中山（42.5%）	高中山（11.3%）	
海拔（米）	<500	501~1000	1001~2000	2001~3000	>3000

（三）气候特点

秦岭山地以其强烈屏障作用，有效阻挡了南部海洋性暖湿气流翻越秦岭北上和北部大陆性冷干气流南下，造就其南北截然不同的气候类型（白红英等，2012；陆福志和鹿化煜，2019）。使得秦岭年降水量大致为800毫米，1月0℃和7月25℃等值线所在区域（李大伟等，2022），成为中国南北气候的分界线，其对中国自然环境、生态系统及气候的分界作用是中国地理格局划分和理论研究的客观依据（李大伟等，2022）。秦岭—淮河一线是中国亚热带与温带气候的分界线。在秦岭—淮河以北，主要是温带季风气候，以南属于亚热带季风气候。秦岭南北两侧气候差异较大，气温和降水由南到北呈递减趋势，区内年平均气温12~16℃，年降水量450~1300毫米。近50年来，受全球气候变暖的影响，秦岭山地降水和气温同步变化，气温逐渐上升，气候暖干化现象明显（李大伟等，2022）。

秦岭除南北气候差异以外，垂直变化也较明显。秦岭南坡自下而上可以分出亚热带、暖温带、温带、寒温带、亚寒带5个气候带；北坡自下而上可以分为暖温带、温带、寒温带、亚寒带4个气候带。

(四)土壤条件

秦岭地区土壤和植被随海拔变化和坡向变化具有不同的分布规律，主要以黄壤、黄棕壤、棕壤、暗棕壤、褐土、黄褐土和紫色土等为主。秦岭北坡以褐土、暖温带落叶阔叶林为主；秦岭南坡以黄褐土、亚热带常绿阔叶林为主（戴君虎和雷明德，1999）。

秦岭陕西段作为秦岭的主体区域，南北地区以黄褐土、褐土、红黏土、粗骨土、石灰土、水稻土、黑垆土7种土壤类型为主（面积占比大于2%），各土壤类型具有明显的空间分布特征。整个区域内共有6个土纲18种土类42个亚类（李艳红，2020），见表2-6。其中，黄褐土占全区51%，主要集中在秦岭山地及其南部；褐土占全区18%，主要分布在秦岭以北关中平原地区；红黏土占全区17%，主要分布在关中平原以北的黄土台塬区；粗骨土占全区7%，其空间分布较为分散，相对集中在秦岭山地边缘。石灰土、水稻土和黑垆土各占全区的2%，其中石灰土主要分布在黄土台塬区，水稻土主要分布在汉中盆地（李艳红，2020）。

表2-6 秦岭陕西段山地主要土壤类型及其分布

土纲	土类	面积（平方千米）	所占比例（%）	分布区域
半淋溶土	褐土	2922.06	5.31	北坡海拔较低的低山丘陵地区
半水成土	潮土	455.37	0.83	北坡农耕区
	山地草甸土	60.41	0.11	秦岭主脊海拔较高的平缓地区
	沼泽土	24.14	0.04	北坡东部河流缓冲带地区
初育土	粗骨土	5144.31	9.34	南北坡坡度较大的山体地区
	红黏土	74.52	0.14	北坡石灰岩地区
	黄绵土	908.89	1.65	北坡及西部水土流失较为严重的丘陵区
	砂姜黑土	5.71	0.01	秦岭东南部地区
	石灰（岩）土	629.75	1.14	南坡石灰岩地区
	石质土	149.44	0.27	南坡石质山地
	新积土	1943.26	3.53	秦岭边界的河谷山谷地区
	紫色土	309.03	0.56	秦岭东部低山丘陵地区
高山土	草毡土	83.86	0.15	太白山高海拔山地
淋溶土	暗棕壤	935.21	1.70	北坡以及南坡海拔较高的针叶林区
	黄褐土	2262.75	4.11	南坡边界的低山丘陵地区
淋溶土	黄棕壤	18284.29	33.21	南坡常绿阔叶林—落叶阔叶林混交林区
	棕壤	19621.20	35.64	秦岭中部落叶阔叶林与针叶林区
人为土	水稻土	1245.34	2.26	南坡汉中平原地区

三、资源禀赋状况

(一) 植物资源

秦岭是南北植物分界线,处于东亚两大植物亚区——"中国—日本森林植物亚区"和"中国—喜马拉雅森林植物亚区"的交会地带,形成了奇特的南北植物种类交会融合的景观。秦岭种子植物3846种,隶属164科1055属;藓类植物326种,隶属44科136属;蕨类植物296种,隶属25科72属。秦岭被子植物的科、属、种数,分别占到全国的57%、34.4%和14%。秦岭分布有国家一级保护野生植物4种:独叶草(*Kingdonia uniflora*)、华山新麦草(*Psathyrostachys huashanica*)、珙桐(*Davidia involucrata*)、红豆杉(*Taxus chinensis*);国家二级保护野生植物有16种;地方重点保护野生植物:非兰科95种、兰科95种。秦岭有丰富的药材资源(如党参(*Radix codonopsis*)、杜仲(*Eucommia ulmoides*)、连翘(*Forsythia suspensa*)、鬼灯擎(*Rodgersia podophylla*)、丹参(*Salvia miltiorrhiza* bunge)、何首乌(*Fallopia multiflora*)、鸡屎藤(*Paederia foetida*)等)及丰富的观赏和栽培植物(如鸢尾(*Iris tectorum*)、月季(*Rosa chinensis*)、牻牛儿苗(*Erodium stephanianum*)、苦楝(*Melia azedarach*)、槭树(*Acer*)等),如图2-4所示。

图 2-4 秦岭植被

注:A为红豆杉;B为鸡屎藤;C为鸢尾;D为槭树。

森林资源管理"一张图"数据显示,2021年秦岭陕西段森林面积达到424.94万公顷,森林覆盖率达到72.95%。森林蓄积量达2.26亿立方米,较1998年增长22.2%。2022年,陕西省通过高质量保护修复秦岭生态系统,秦岭陕西段森林覆盖率达82%(李君轶等,2021),其中,秦岭南麓的安康市宁陕县森林覆盖率达96%,成为全国最绿的县之一,涉秦岭区域首宗林业碳汇交易 100 万元（田晶等，2020）。

秦岭森林生态系统类型丰富，具有复杂多样的植被类型。秦岭南坡以落叶阔叶林和常绿混交林为基带，自下而上有常绿、落叶阔叶混交林，落叶阔叶林，针阔叶混交林，造就了秦岭南坡亚热带森林植被景观；北坡自下而上有暖温带、温带、寒温带、亚寒带 4 种气候，受海拔、气候、土壤等综合因素影响，植被景观呈明显的垂直分布，有落叶栎林带、桦木林带、针叶林带和高山灌丛草甸带，构成了典型的暖温带山地森林植被景观。

太白山作为秦岭主峰，其植被垂直带谱（图 2-5）是带幅最宽、结构最复杂的山地落叶阔叶林带，被誉为"超级垂直带"（Wu et al., 2023）。北坡从山麓至山顶共分为 3 个植被带 7 个植被亚带，依次为山地落叶阔叶林带—山地针叶林带—高山灌丛草甸带；南坡从山麓至山顶共分为 3 个植被带 7 个植被亚带，依次为常绿阔叶、落叶阔叶混交林亚带—山地落叶阔叶林带（栓皮栎林亚带—锐齿栎林亚带—桦木林亚带）—亚高山、高山针叶林带（冷杉林亚带—太白红杉林亚带）—高山灌丛草甸带（高山灌丛草甸亚带）。

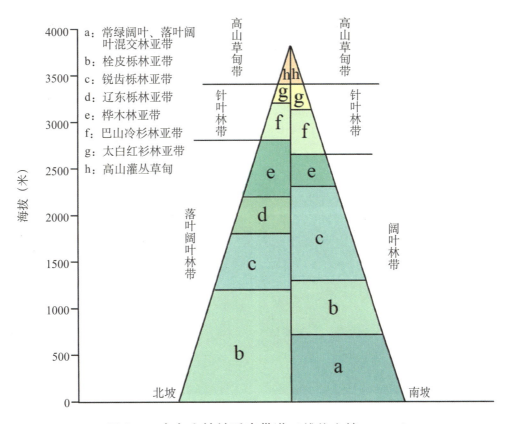

图 2-5　太白山植被垂直带谱（傅伯杰等，2009）

（二）动物资源

秦岭南北的动物有较大差别。就兽类来说，以秦岭为分布北界的有 23 种，占兽类总数的 42%。根据《中国物种红色名录》，秦岭地区受威胁的兽类有 54 种，占秦岭兽类物种数的 39.1%，包括极危种（CR）3 种、濒危种（EN）10 种、易危种（VU）23 种、近危种（NT）

18种。根据文献不完全统计，秦岭地区有968种脊椎动物，包括兽类138种、鸟类591种、爬行类49种、两栖类29种、鱼类161（亚）种。

秦岭分布的国家一级保护野生动物有16种，包括金丝猴（*Rhinopithecus*）、大熊猫（*Ailuropoda melanoleuca*）、云豹（*Neofelis nebulosa*）、羚牛（*Budorcas taxicolor*）、朱鹮（*Nipponia nippon*）、林麝（*Moschus berezovskii*）等；国家二级保护野生动物有65种，包括猕猴（*Macaca mulatta*）、豺（*Cuon alpinus*）、黑熊（*Ursus thibetanus*）、小熊猫（*Ailurus fulgens*）、石貂（*Martes foina*）、斑嘴鹈鹕（*Pelecanus philippensis*）等。秦岭"四宝"指大熊猫、朱鹮、金丝猴和羚牛（图2-6）。大熊猫的栖息地涉及陕西省9县21个乡镇，以洋县、佛坪、太白和周至4县交界处的兴隆岭地区为核心，局域种群的数量最大。朱鹮在秦岭地区见于洋县、城固、西乡、汉中、佛坪、勉县等地。秦岭是我国金丝猴分布的最北限，主要分布于陕西境内秦岭山区的周至、太白、宁陕、佛坪、洋县等地，秦岭金丝猴属川金丝猴。羚牛秦岭亚种被称为"秦岭金毛扭角羚"，数量最为稀少。

图 2-6 秦岭四宝

注：A 为大熊猫；B 为朱鹮；C 为金丝猴；D 为羚牛。

（三）水资源

秦岭水量充沛，年均降水量约820毫米，多年平均水资源总量约190亿立方米。区域内较好的森林覆盖，净化了空气，涵养了水源，不但调节了水量的年内分配，也提升了水体的自净能力。

秦岭是长江、黄河两大水系重要的水源地，是淮河河源区。秦岭以北为黄河水系，秦岭以南则是长江水系。长江四大支流中的两大支流——嘉陵江和汉江均发源于秦岭南麓，黄河三大支流——洮河、渭河和洛河的主产水区位于其北麓。秦岭中长度在40千米以上的河流共86条，流域面积在100平方千米以上的河流共561条，这些河流的分布受秦岭分水脊的控制。仅陕西段山地流域面积在100平方千米以上的河流约195条，其中南坡132条流入汉江（含丹江）、嘉陵江后，注入长江流入东海；北坡63条汇入渭河、南洛河后，流入黄河进入渤海（表2-7）。

表2-7 陕西秦岭主要水系概况

流域	水系	流域面积（平方千米）	占总面积的百分比（%）	流程>40千米的河流（条）	流域面积>100平方千米的河流（条）
长江	汉江（北岸支流）	33491	61.3	53	117
	嘉陵江	4908	8.9	9	15
黄河	渭河	13096	23.9	19	48
	南洛河	2947	5.9	5	15
	总计	54442	100	86	195

秦岭素有"中央水塔"之称。秦岭水资源储量约222亿立方米，约占黄河水量的1/3、陕西水资源总量的50%，是陕西省最重要的水源涵养区。其中，秦岭南坡水资源储量182亿立方米，约占陕南水资源量的58%，是嘉陵江、汉江、丹江的源头区，每年可向北京、天津等地供水达100亿立方米，是南水北调中线工程的重要水源涵养区（李艳红，2020），供水量占南水北调中线总调水量的70%。

（四）矿产资源

秦岭的矿藏是伴随着秦岭的形成而逐渐形成的。据初步统计，共有国家储量平衡表的矿产资源80余种，贵金属、有色金属、黑色金属、稀有稀土金属在我国占有重要地位，金、银、铅、锌、钼、钨地位突出。金堆城和栾川钼矿世界闻名，秦岭河南和陕西段是我国重要产金地，灵宝和潼关分别是中国第二、三产金大县。凤太和西成铅矿举世闻名。宝玉石、重晶石、萤石、石英岩、石灰岩等非金属也有较大储量。蓝田玉、南阳玉、汉中玉也属此列（西北旅游传媒，2020）。

秦岭成矿带地处秦祁昆中央山系东部，带内矿产资源十分丰富，是我国重要的成矿带之一，其范围西起甘肃临夏、玛曲，东至陕西安康，北自甘肃临夏—天水、陕西宝鸡—西安，南到甘肃康县—文县、陕西汉中—安康（刘若溪，2010），范围包括秦岭东段的陕西南部地区和秦岭西段的甘肃南部地区；南北纵向横跨华北地层区、秦岭地层区、扬子地层区等3个地层大区，对应地可划分为华北板块、秦岭微板块、扬子板块3个构造单元。

截至2019年年底，秦岭地区共有探矿权459个，其中黑色金属71个、有色金属163个、贵金属210个、其他15个。秦岭地区开发利用的主要矿产有铁、锰、铬、铜、铅、锌、钨、钼、镍、汞、锑、钒、金、银、硫铁矿、磷矿、石墨、水泥用灰岩、萤石、红柱石、金红石、饰面用花岗岩、矿泉水等，其中铁、铬、铜、金、镍、钨、钼、锑、磷、晶质石墨、萤石等属于国家战略性矿产（表2-8）。

表2-8 秦岭地区涉及的国家战略性矿产

矿产类型	主要矿产
金属矿产	铁、铬、铜、金、镍、钨、钼、锑、钴、锂、稀土
非金属矿产	磷、晶质石墨、萤石

注：依据为《全国矿产资源规划（2016—2020年）》战略性矿产名录。

西秦岭的徽成盆地也蕴藏着十分丰富的矿产资源。探明的有铅、锌、锑、锰、金、铁和硅等30多种金属和非金属矿藏，其中铅锌矿藏储量2000多万吨，是中国第二大铅锌矿带。成县已探明铅锌储量达1100万吨，大理石储量达92亿吨，居甘肃全省第一位。徽县探明的矿产资源有金、银、铅、锌、铁等22种，其中大型铅锌矿床就达3处。快速发展的矿业经济，已经成为徽成盆地工业经济的支柱。秦岭—昆仑一线是我国南北矿带构造轴心，在北纬32°～34°轴线上主要有钼、铜、铬、铁以及钨铅锌矿、金锑铀等稀有金属和石水晶等，储存了大量的矿产资源。

依据2019年度矿山基础报表，秦岭地区矿山企业工业总产值99.1亿元，从业人员25529人。铜、铅锌、钨、钼、金、磷等矿石年产量占全省相应矿石年产量90%以上，其中铜、钨、钼、金、磷等矿产年产量全部源于秦岭地区（表2-9）。

表2-9 2019年秦岭主要矿种产量、产值

矿产名称	年产量（矿石，万吨）	年工业产值（万元）
铁矿	148.71	75181.58
锰矿	5.70	2838
铜矿	13.91	4017.6
铅锌矿	95.34	64813.27
钨矿	0.25	837
钼矿	1447.92	517373.13
金矿	215.46	98403.82
磷矿	9.18	1145.3
水泥用灰岩	359.34	57794

截至 2019 年年底，秦岭陕西段已发现各类矿产 113 种（含亚矿种），矿区 459 处，其中大型矿区 66 处，中型 152 处。地区矿产保有资源量列全国前十的有 30 种（王瑞廷等，2020），见表 2-10。渭南钼矿开采区属于全国第三轮矿产资源规划确定的 43 个国家有色金属矿产资源基地之一。截至 2019 年年底，秦岭地区发证矿山 872 个，其中部省发证矿山 312 个，大型 28 个、中型 43 个、小型 241 个，市县发证矿山 560 个，大型 10 个、中型 41 个、小型 509 个。

表 2-10　2019 年秦岭陕西段地区主要矿产保有资源量

矿产名称	资源	单位	资源量
铁矿	矿石	千吨	713842.7
锰矿	矿石	千吨	11202.35
钛矿	金红石，二氧化钛	吨	1495804
钒矿	五氧化二钒	吨	4267464.89
铜矿	铜	吨	607420.97
铅矿	铅	吨	2512648.86
锌矿	锌	吨	3872278.82
镍矿	镍	吨	260506.94
钨矿	三氧化钨	吨	85436.65
钼矿	钼	吨	1377909.72
汞矿	汞	吨	1761.66
锑矿	锑	吨	42153.77
岩金矿	金	千克	472096.10
磷矿	矿石	千吨	558921.51

秦岭陕西段成矿带主要包括凤太（凤县—太白）、板沙（板房子—沙沟）、柞山（柞水—山阳）、镇旬（镇安—旬阳）盆地，矿集区主要有凤太（凤县—太白）、勉略宁（勉县—略阳—宁强）、柞山（柞水—山阳）、秦岭陕西—河南段 4 个矿集区，属于秦—祁—昆成矿域中的秦岭—大别大型金、银、铅、锌、铜、锑、锰成矿带，带内成矿作用发育，矿产丰富，矿种齐全。在秦岭成矿带陕西段发现了一大批矿产地并探获了可观的资源储量。目前，探明储量的矿种多达 15 种（王瑞廷等，2020）。

目前，陕南的钾长石储量位居全国第一、世界第二，钒矿居亚洲第一。略阳县矿产资源储量占汉中市的 2/3 左右。其中，镍矿居全省首位。铁矿点及少量富褐铁矿主要分布在县区北边缘部；金、银、铜、铅、锌、锰、镍、钴、铬、铁矿主要分布在县区东南部；非金属矿产地 45 处，主要分布在县区中部。宝鸡市横跨西北地区及秦岭褶皱带，由于地质构造复杂，形成了各类岩浆岩、变质岩、沉积岩，且具有良好的成矿条件，资源蕴藏量丰富（周吉灵等，2015）。

四、土地利用类型

（一）土地利用格局

土地利用作为影响地球系统功能的重要因素之一，对局部气候变化、生物保育、土壤保持等多种生态系统服务会产生深远影响（李少英等，2017；乔治等，2022；韩兴国等，1999）。厘清秦岭的土地利用变化情况，是进行秦岭森林生态系统监测区划与布局研究的基础。本章节内容以陕西段秦岭为例。

陕西段秦岭土地利用类型以林地和农田为主。林地中落叶阔叶林占比最大，其次是常绿阔叶林和常绿针叶林（图2-7）。草地面积逐年上升，湿地面积稳步增长，建筑用地面积有所增加，农田面积呈逐渐下降趋势。1990年，陕西段秦岭落叶阔叶林面积为41082.94平方千米，常绿阔叶林面积为16947.06平方千米，常绿针叶林面积为4386.31平方千米，农田面积为18235.56平方千米；至2020年，陕西段秦岭落叶阔叶林面积为39086.94平方千米，常绿阔叶林面积为16781平方千米，常绿针叶林面积为6723.38平方千米，农田面积为15422.69平方千米。

在空间格局上，陕西段秦岭南、北坡边缘地区海拔低且地势平坦，以农田和建设用地为主，林地、草地较少；中西部海拔较高，以林地为主，其中落叶阔叶林集中分布于秦岭腹地，常绿阔叶林在陕西段秦岭南坡分布较多，常绿针叶林分布于陕西段秦岭腹地的高海拔地区，草地集中在东南部（图2-8至图2-14）。1990—2020年建设用地和耕地变化显著，东、南部的农田主要转变为草地，部分草地转为林地。陕西段秦岭土地利用整体空间格局的变化幅度不大，说明陕西段秦岭土地利用保护取得了较好成效，这得益于天然林资源保护工程的实施，以及国家和陕西省对于秦岭地区生态环境保护的重视。

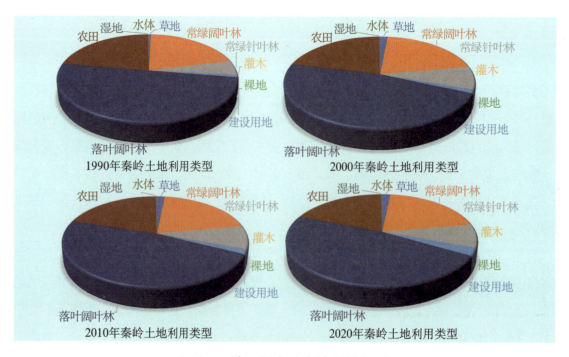

图2-7 陕西段秦岭土地利用类型

第二章 秦岭区位特征及自然资源禀赋状况

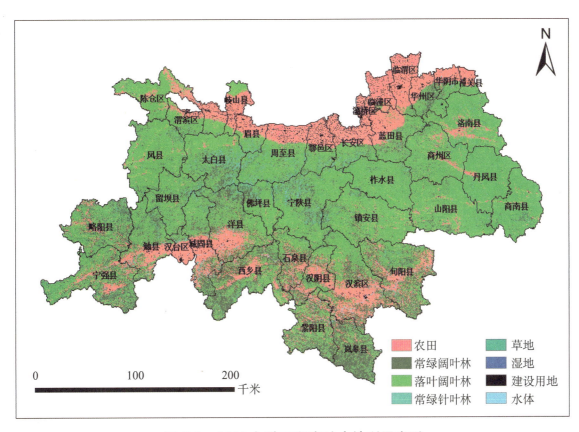

图 2-8 1990 年陕西段秦岭土地利用类型

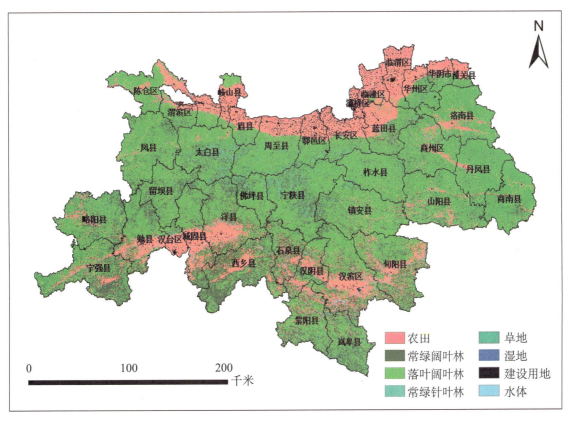

图 2-9 1995 年陕西段秦岭土地利用类型

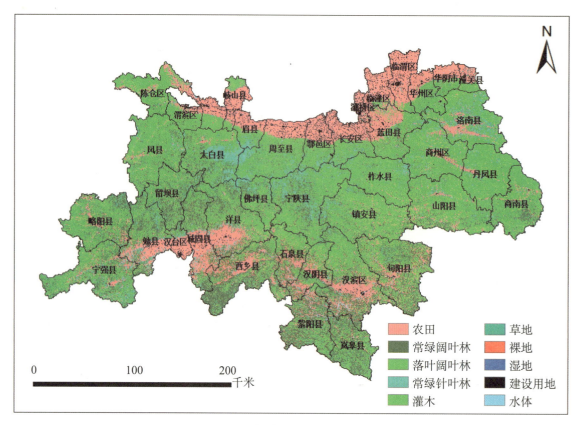

图 2-10　2000 年陕西段秦岭土地利用类型

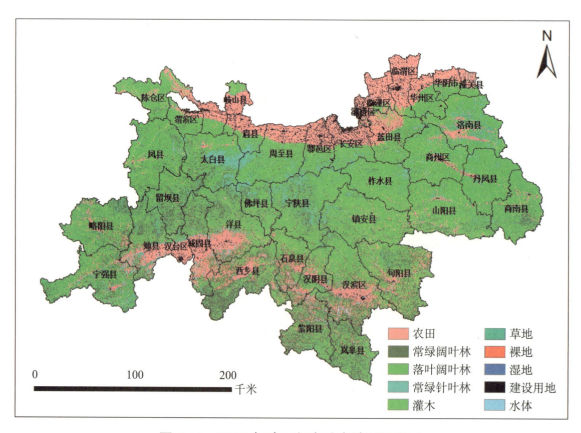

图 2-11　2005 年陕西段秦岭土地利用类型

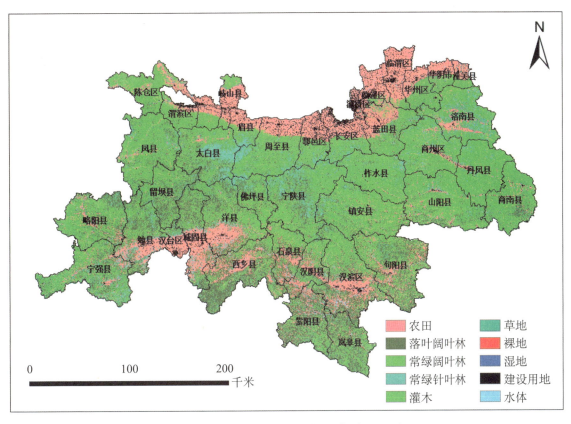

图 2-12　2010 年陕西段秦岭土地利用类型

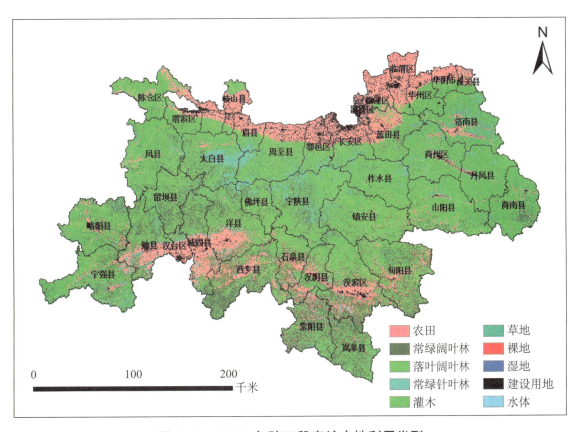

图 2-13　2015 年陕西段秦岭土地利用类型

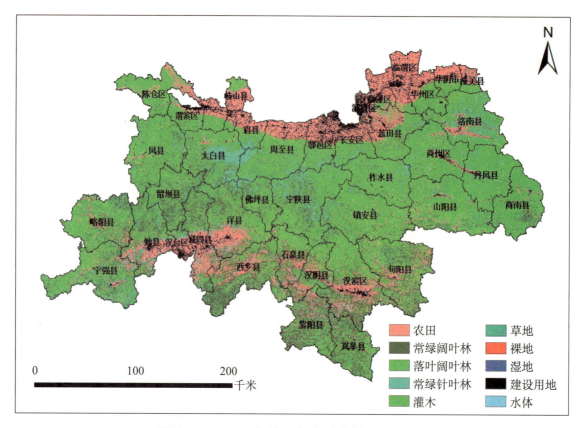

图 2-14　2020 年陕西段秦岭土地利用类型

(二) 土地利用变化

土地利用转换情况是对各土地利用类型状态及状态转移的定量描述（李少英等，2017；乔治等，2022）。分析陕西段秦岭的土地利用转换情况不仅可以定量计算出不同时间不同区域内各地类的面积数据，还可以得到各地类在研究初期和研究末期的转入、转出信息，从而更好地揭示土地利用格局的时空动态变化过程。

1990—2020 年陕西段秦岭的土地转移情况如表 2-11 所示，具体情况如下：

落叶阔叶林：30 年间，秦岭地区落叶阔叶林呈大幅度减少趋势，减少了 1996 平方千米。落叶阔叶林主要转化为常绿阔叶林和农田，转化面积分别为 5854.31 平方千米和 1819.50 平方千米；常绿阔叶林和农田是落叶阔叶林增加的主要来源，转化面积分别为 5335.50 平方千米和 2156.56 平方千米。

常绿阔叶林：秦岭地区的常绿阔叶林变化幅度不大，总体呈减少状态，减少了 166.06 平方千米。常绿阔叶林主要转化为落叶阔叶林和常绿针叶林，转换面积分别为 5335.50 平方千米和 2054 平方千米，其次为农田，面积为 685.31 平方千米；常绿阔叶林的增加主要来源于落叶阔叶林和农田，转换面积分别为 5854.31 平方千米和 1151.19 平方千米，其次，常绿针叶林转化为常绿阔叶林的面积为 966.56 平方千米。

常绿针叶林：秦岭地区的常绿针叶林面积大幅增加，增加了 2354.13 平方千米。常绿针

表 2-11 秦岭地区 1990—2020 年土地利用类型转移矩阵

1990年\2020年	草地	常绿阔叶林	常绿针叶林	灌木	建设用地	裸地	落叶阔叶林	农田	湿地	水体	总面积
草地	83.69	4.19	3.88	0	11.06	0	131.25	65.19	0.06	2.88	302.19
常绿阔叶林	62.94	8801.44	2054.00	0	4.63	0.12	5335.50	685.31	0	3.13	16947.06
常绿针叶林	22.81	966.56	2670.31	0	2.06	0.06	611.50	108.31	0	4.69	4386.31
建设用地	0	0	0	0	740.25	0	0	0	0	0	740.25
落叶阔叶林	821.19	5854.31	1685.44	0.19	47.88	0.75	30851.94	1819.50	0	1.75	41082.94
农田	345.75	1151.19	325.06	0.19	1429.88	0.69	2156.56	12724.56	16.75	84.94	18235.56
湿地	0	0	0	0	0	0	0	0.13	0	0	0.13
水体	7.81	3.31	1.75	0	7.31	0	0.19	19.69	1.44	110.13	151.63
总面积	1344.19	16781.00	6740.44	0.38	2243.06	1.62	39086.94	15422.69	18.25	207.50	81846.06

叶林主要转化为常绿阔叶林，转化面积为966.56平方千米，其次为落叶阔叶林和农田，转化面积分别为611.5平方千米和108.31平方千米；常绿针叶林的增加主要来源于常绿阔叶林和落叶阔叶林，转化面积分别为2054平方千米和1685.44平方千米。

草地：秦岭地区的草地增加趋势明显，增加了1042平方千米。草地主要转化为落叶阔叶林，面积为131.25平方千米，其次为农田，面积为65.19平方千米；草地的增加主要来源于落叶阔叶林和农田，转化面积分别为821.19平方千米和345.75平方千米。

建设用地：1990—2020年，秦岭地区建设用地面积从740.25平方千米增加到2243.06平方千米。建设用地的增加主要来源于农田，转化面积为1429.88平方千米。

农田：30年间秦岭地区农田减少趋势明显，从1990年的18235.56平方千米减少到2020年的15422.69平方千米。农田主要转化为落叶阔叶林和常绿阔叶林，转化面积分别为2156.56平方千米和1151.19平方千米；农田的增加主要来源于落叶阔叶林和常绿阔叶林，转化面积分别为1819.5平方千米和685.31平方千米。

湿地：湿地的面积略呈增长趋势，湿地主要由农田转化而来，转化面积为16.75平方千米。

为了更直观地分析陕西段秦岭短时间的土地利用变化情况，我们逐五年分析了陕西段秦岭的土地转移情况。1990—1995年，秦岭地区各土地利用类型总面积转换较多的主要是常绿阔叶林和落叶阔叶林，其余各类型相对来说转换面积较少（图2-15）。具体的转移情况见表2-12。

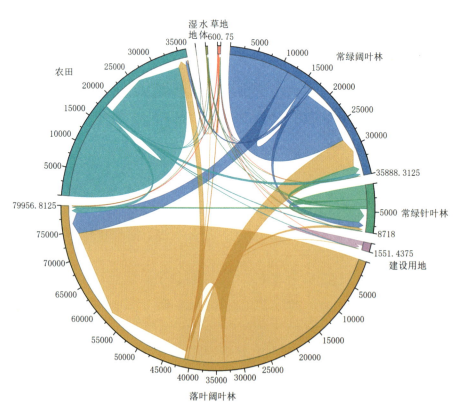

图2-15　1990—1995年陕西段秦岭土地利用转移弦图

表2-12 秦岭地区1990—1995年土地利用类型转移矩阵

1990年\1995年	草地	常绿阔叶林	常绿针叶林	建设用地	落叶阔叶林	农田	湿地	水体	总面积
草地	108.31	0.44	0.56	0.31	108.63	82.00	0	1.94	302.19
常绿阔叶林	2.38	11363.69	1111.56	0	4023.25	443.81	0	2.38	16947.06
常绿针叶林	2.13	1396.63	2619.19	0	310.25	52.75	0	5.38	4386.31
建设用地	0	0	0	740.25	0	0	0	0	740.25
落叶阔叶林	108.13	5510.31	467.94	0.06	33462.13	1533.38	0	1.00	41082.94
农田	76.06	668.88	130.63	70.56	969.50	16245.44	1.31	73.50	18235.88
湿地	0	0	0	0	0	0.13	0	0	0.13
水体	1.56	1.31	1.81	0	0.12	15.06	0	131.75	151.62
总面积	298.56	18941.25	4331.69	811.19	38873.88	18372.56	1.31	215.94	81846.38

落叶阔叶林：5 年间，秦岭地区落叶阔叶林面积减少趋势明显，减少了 2209.06 平方千米。落叶阔叶林主要转化为常绿阔叶林和农田，转化面积分别为 5510.31 平方千米和 1533.38 平方千米；常绿阔叶林和农田是落叶阔叶林增加的主要来源，转化面积分别为 4023.25 平方千米和 969.50 平方千米。

常绿阔叶林：5 年间，秦岭地区的常绿阔叶林变化趋势明显，增加了 1994.19 平方千米。常绿阔叶林主要转化为落叶阔叶林和常绿针叶林，转换面积分别为 4023.25 平方千米和 1111.56 平方千米，其次为农田，面积为 443.81 平方千米；常绿阔叶林的增加主要来源于落叶阔叶林和常绿针叶林，转换面积分别为 5510.31 平方千米和 1396.63 平方千米，其次，农田转化为常绿阔叶林的面积为 668.88 平方千米。

常绿针叶林：5 年间，秦岭地区的常绿针叶林主要呈减少趋势，减少了 54.62 平方千米。常绿针叶林主要转化为常绿阔叶林，转化面积为 1396.63 平方千米，其次为落叶阔叶林和农田，转化面积分别为 310.25 平方千米和 52.75 平方千米；常绿针叶林的增加主要来源于常绿阔叶林和落叶阔叶林，转化面积分别为 1111.56 平方千米和 467.94 平方千米。

草地：5 年间，秦岭地区的草地变化趋势较小，减少了 3.63 平方千米。草地主要转化为落叶阔叶林，面积为 108.63 平方千米，其次为农田，面积为 82 平方千米；草地的增加主要来源于落叶阔叶林和农田，转化面积分别为 108.13 平方千米和 76.06 平方千米。

建设用地：1990—1995 年，秦岭地区建设用地面积从 740.25 平方千米增加到 811.19 平方千米。建设用地的增加主要来源于农田，转化面积为 70.56 平方千米。

农田：5 年间秦岭农田变化不明显，从 1990 年的 18235.88 平方千米增加到 1995 年的 18372.56 平方千米。农田主要转化为落叶阔叶林和常绿阔叶林，转化面积分别为 969.5 平方千米和 668.88 平方千米；农田的增加主要来源于落叶阔叶林和常绿阔叶林，转化面积分别为 1533.38 平方千米和 443.81 平方千米。

湿地：湿地的面积略呈增长趋势，湿地主要由农田转化而来，转化面积为 1.31 平方千米。

水体：水体面积增加较多，增加了 63.32 平方千米。水体主要转化为农田，转化面积为 15.06 平方千米；水体的增加主要来源于农田，转化面积为 73.5 平方千米。

1995—2000 年，秦岭地区各土地利用类型之间转换幅度较大，出现了灌木和裸地两种新的土地利用类型（图 2-16）。具体的转移情况见表 2-13。

落叶阔叶林：5 年间，秦岭地区落叶阔叶林呈减少趋势，减少了 297.94 平方千米。落叶阔叶林主要转化为常绿阔叶林和农田，转化面积分别为 5563.81 平方千米和 1910 平方千米；常绿阔叶林和农田是落叶阔叶林增加的主要来源，转化面积分别为 6181.44 平方千米和 2276.06 平方千米。

常绿阔叶林：5 年间，秦岭地区的常绿阔叶林变化趋势明显，减少了 2059.75 平方千米。常绿阔叶林主要转化为落叶阔叶林和常绿针叶林，转换面积分别为 6181.44 平方千米和 2462.94 平方千米，其次为农田，面积为 803.69 平方千米；常绿阔叶林的增加主要来源于落叶阔叶林和农田，转换面积分别为5563.81平方千米和983.25平方千米，其次，常绿针叶林转化为常绿阔叶林的面积为891.06平方千米。

常绿针叶林：5年间，秦岭地区的常绿针叶林主要呈增加趋势，增加了2356.31平方千米。常绿针叶林主要转化为常绿阔叶林，转化面积为891.06平方千米，其次为落叶阔叶林和农田，转化面积分别为628.31平方千米和125.75平方千米；常绿针叶林的增加主要来源于常绿阔叶林和落叶阔叶林，转化面积分别为2462.94平方千米和1268.75平方千米。

草地：5年间，秦岭地区的草地增加趋势明显，增加了937.94平方千米。草地主要转化为落叶阔叶林，面积为93.81平方千米，其次为农田，面积为99.13平方千米；草地的增加主要来源于落叶阔叶林和农田，转化面积分别为732.44平方千米和322平方千米。

建设用地：1995—2000年，秦岭地区建设用地面积从811.19平方千米增加到998.38平方千米。建设用地的增加主要来源于农田，转化面积为185.19平方千米。

农田：5年间秦岭农田减少趋势明显，从1995年的18372.38平方千米减少到2000年的17281.19平方千米。农田主要转化为落叶阔叶林和常绿阔叶林，转化面积分别为2276.06平方千米和983.25平方千米；农田的增加主要来源于落叶阔叶林和常绿阔叶林，转化面积分别为1910平方千米和803.69平方千米。

湿地：湿地的面积略呈增长趋势，湿地主要由农田转化而来，转化面积为4.38平方千米。

水体：水体略呈减少趋势，减少了39.69平方千米。水体主要转化为农田，转化面积为65.25平方千米；水体的增加主要来源于农田，转化面积为36.06平方千米。

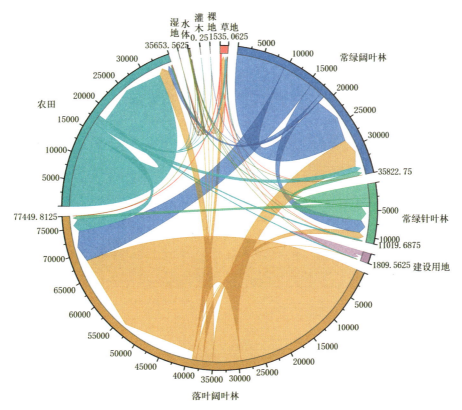

图2-16　1995—2000年陕西段秦岭土地利用转移弦图

表2-13 秦岭地区1995—2000年土地利用类型转移矩阵

2000年 1995年	草地	常绿阔叶林	常绿针叶林	灌木	建设用地	裸地	落叶阔叶林	农田	湿地	水体	总面积
草地	93.69	2.69	5.75	0	1.06	0	93.81	99.13	0.06	2.375	298.56
常绿阔叶林	53.75	9437.25	2462.94	0	0	0.06	6181.44	803.69	0	2.125	18941.25
常绿针叶林	23.81	891.06	2658.00	0	0	0	628.31	125.75	0	4.75	4331.69
建设用地	0	0	0	0	811.19	0	0	0	0	0	811.19
落叶阔叶林	732.44	5563.81	1268.75	0.19	0.44	0.56	29395.88	1910	0	1.8125	38873.88
农田	322.00	983.25	288.31	0.06	185.19	0.50	2276.06	14276.56	4.38	36.063	18372.38
湿地	0	0	0	0	0	0	0	0.81	0.44	0.0625	1.31
水体	10.81	3.44	4.25	0	0.50	0	0.44	65.25	2.19	129.06	215.94
总面积	1236.50	16881.50	6688.00	0.25	998.38	1.12	38575.94	17281.19	7.06	176.25	81846.19

2000—2005年，秦岭地区各土地利用类型相对稳定，转换面积较多的主要是农田、建设用地以及落叶阔叶林。农田呈减少趋势，落叶阔叶林和建设用地呈增加趋势（图2-17）。具体的转移情况见表2-14。

落叶阔叶林：5年间，秦岭地区落叶阔叶林呈增加趋势，增加了384.75平方千米。落叶阔叶林主要转化为常绿阔叶林和农田，转化面积分别为82.5平方千米和27.5平方千米；常绿阔叶林和农田是落叶阔叶林增加的主要来源，转化面积分别为201.81平方千米和281.5平方千米。

常绿阔叶林：5年间，秦岭地区的常绿阔叶林呈减少趋势，减少了103.31平方千米。常绿阔叶林主要转化为落叶阔叶林和常绿针叶林，转换面积分别为201.81平方千米和30.5平方千米，其次为农田，面积为22.19平方千米；常绿阔叶林的增加主要来源于落叶阔叶林和农田，转换面积分别为82.5平方千米和53.19平方千米，其次，常绿针叶林转化为常绿阔叶林的面积为18.56平方千米。

常绿针叶林：5年间，秦岭地区的常绿针叶林变化趋势不明显，增加了24.13平方千米。常绿针叶林主要转化为落叶阔叶林和常绿阔叶林，转化面积分别为28.75平方千米和18.56平方千米；常绿针叶林的增加主要来源于常绿阔叶林和农田，转化面积分别都为30.5平方千米。

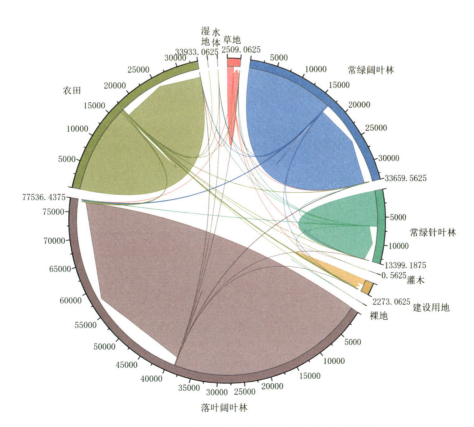

图2-17　2000—2005年陕西段秦岭土地利用转移弦图

表2-14 秦岭地区2000—2005年土地利用类型转移矩阵

2000年\2005年	草地	常绿阔叶林	常绿针叶林	灌木	建设用地	裸地	落叶阔叶林	农田	湿地	水体	总面积
草地	1226.00	0.25	0.37	0	0.13	0	8.50	1.25	0	0	1236.50
常绿阔叶林	2.63	16623.56	30.50	0	0.56	0	201.81	22.19	0	0.25	16881.50
常绿针叶林	0.88	18.56	6635.69	0	0.63	0	28.75	2.94	0	0.56	6688.00
灌木	0	0	0	0.25	0	0	0	0	0	0	0.25
建设用地	0	0	0	0	998.38	0	0	0	0	0	998.38
裸地	0	0	0	0	0	1.13	0	0	0	0	1.13
落叶阔叶林	10.88	82.50	14.13	0	0.94	0	38439.94	27.50	2.00	0.06	38575.94
农田	32.19	53.19	30.50	0.06	274.06	0.06	281.50	16598.00	7.06	9.63	17281.19
湿地	0	0	0	0	0	0	0	0	7.06	0	7.06
水体	0.13	0.13	0.94	0	0	0	0.19	2.06	0.06	172.75	176.25
总面积	1272.69	16778.19	6712.13	0.31	1274.69	1.19	38960.69	16653.94	9.12	183.25	81846.19

草地：5 年间，秦岭地区的草地变化趋势不明显，减少了 36.19 平方千米。草地主要转化为落叶阔叶林，面积为 8.5 平方千米；草地的增加主要来源于农田和落叶阔叶林，转化面积分别为 32.19 平方千米和 10.88 平方千米。

建设用地：2000—2005 年，秦岭地区建设用地面积从 998.38 平方千米增加到 1274.69 平方千米。建设用地的增加主要来源于农田，转化面积为 274.06 平方千米。

农田：5 年间秦岭农田减少趋势明显，从 2000 年的 17281.19 平方千米减少到 2005 年的 16653.94 平方千米。农田主要转化为落叶阔叶林和建设用地，转化面积分别为 281.5 平方千米和 274.06 平方千米；农田的增加主要来源于落叶阔叶林和常绿阔叶林。

湿地：湿地的面积略呈增长趋势，湿地主要由农田转化而来，转化面积为 2 平方千米。

水体：水体略呈增加趋势，减少了 7 平方千米。水体主要转化为农田，转化面积为 2.06 平方千米；水体的增加主要来源于农田，转化面积为 9.63 平方千米。

灌木和裸地：2000—2005 年，灌木和裸地变化不大。

2005—2010 年，秦岭地区土地利用类型变化情况与 2000—2005 年基本一致，农田面积减少，建设用地面积增加，其余各类型变化幅度较小，基本保持稳定（图 2-18）。具体的转移情况见表 2-15。

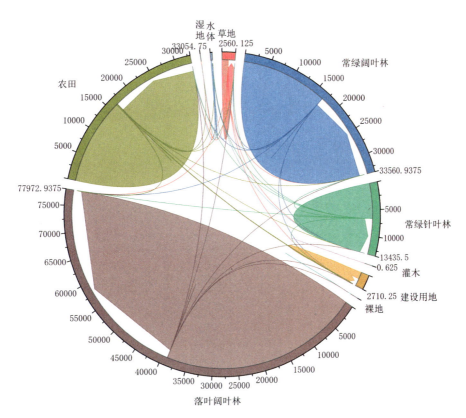

图 2-18　2005—2010 年陕西段秦岭土地利用转移弦图

表2-15 秦岭地区2005—2010年土地利用类型转移矩阵

2005年＼2010年	草地	常绿阔叶林	常绿针叶林	灌木	建设用地	裸地	落叶阔叶林	农田	湿地	水体	总面积
草地	1268.38	0.06	0.38	0	0.06	0	3.00	0.81	0	0	1272.69
常绿阔叶林	0.88	16750.06	5.44	0	0.13	0	17.25	4.25	0	0.19	16778.19
常绿针叶林	0.31	2.63	6704.75	0	0.19	0	2.69	1.13	0	0.44	6712.13
灌木	0	0	0	0.31	0	0	0	0	0	0	0.31
建设用地	0	0	0	0	1274.69	0	0	0	0	0	1274.69
裸地	0	0	0	0	0	1.19	0	0	0	0	1.19
落叶阔叶林	4.44	14.63	5.50	0	1.44	0.06	38921.75	12.88	0	0	38960.69
农田	13.19	15.38	7.13	0	159.06	0	67.56	16377.88	2.44	11.25	16653.88
湿地	0	0	0	0	0	0	0	0	9.13	0	9.13
水体	0.25	0	0.19	0	0	0	0	3.94	0.06	178.81	183.25
总面积	1287.44	16782.75	6723.38	0.31	1435.56	1.25	39012.25	16400.88	11.62	190.69	81846.13

落叶阔叶林：5年间，秦岭地区落叶阔叶林呈增加趋势，增加了51.56平方千米。落叶阔叶林主要转化为常绿阔叶林和农田，转化面积分别为14.63平方千米和12.88平方千米；常绿阔叶林和农田是落叶阔叶林增加的主要来源，转化面积分别为17.25平方千米和67.56平方千米。

常绿阔叶林：5年间，秦岭地区的常绿阔叶林变化不大，总体呈增加趋势，增加了4.56平方千米。常绿阔叶林主要转化为落叶阔叶林，转换面积为17.25平方千米；常绿阔叶林的增加主要来源于落叶阔叶林和农田，转换面积分别为14.63平方千米和15.38平方千米。

草地：5年间，秦岭地区的草地变化趋势不明显，增加了14.75平方千米。草地主要转化为落叶阔叶林，面积为3平方千米；草地的增加主要来源于农田和落叶阔叶林，转化面积分别为13.19平方千米和4.44平方千米。

建设用地：2005—2010年，秦岭地区建设用地面积从1274.69平方千米增加到1435.56平方千米。建设用地的增加主要来源于农田，转化面积为159.06平方千米。

农田：5年间秦岭农田减少趋势明显，从2005年的16653.88平方千米减少到2010年的16400.88平方千米。农田主要转化为落叶阔叶林和建设用地，转化面积分别为67.56平方千米和159.06平方千米；农田的增加主要来源于落叶阔叶林，转化面积为12.88平方千米。

2005—2010年，秦岭地区的常绿针叶林、灌木、水体、裸地和湿地总体变化不大，趋于稳定。

2010—2015年秦岭地区的土地利用类型总体稳定，变化较大的部分体现在农田的减少和建设用地的增加（图2-19）。具体的转移情况见表2-16。

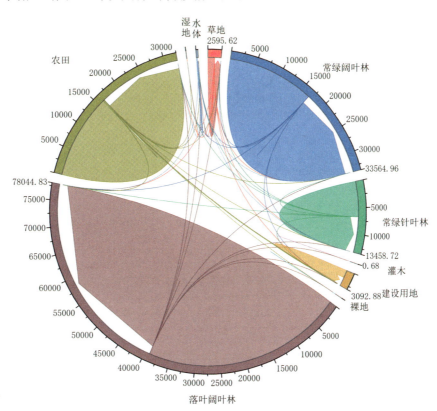

图2-19　2010—2015年陕西段秦岭土地利用转移弦图

表 2-16 秦岭地区 2010—2015 年土地利用类型转移矩阵

2010年＼2015年	草地	常绿阔叶林	常绿针叶林	灌木	建设用地	裸地	落叶阔叶林	农田	湿地	水体	总面积
草地	1284.50	0.19	0.25	0	0.44	0	1.50	0.50	0	0.06	1287.44
常绿阔叶林	0.87	16754.94	5.44	0	0.50	0	13.69	7.19	0	0.12	16782.75
常绿针叶林	0.50	1.63	6715.38	0	0.13	0	2.75	2.63	0	0.37	6723.38
灌木	0	0	0	0.31	0	0	0	0	0	0	0.31
建设用地	0	0	0	0	1435.56	0	0	0	0	0	1435.56
裸地	0	0	0	0	0	1.25	0	0	0	0	1.25
落叶阔叶林	6.25	12.63	7.94	0.06	4.13	0.12	38962.94	17.94	0	0.25	39012.25
农田	15.69	12.69	6.13	0	216.56	0.19	51.63	16081.25	3.25	13.50	16400.88
湿地	0	0	0	0	0	0	0	0	11.63	0	11.63
水体	0.37	0.13	0.19	0	0	0	0.06	4.06	0.19	185.69	190.69
总面积	1308.19	16782.19	6735.31	0.38	1657.31	1.56	39032.56	16113.56	15.06	200	81846.13

草地：5 年间，秦岭地区的草地变化趋势不明显，增加了 20.75 平方千米。草地的转化部分较少；草地的增加主要来源于农田和落叶阔叶林，转化面积分别为 15.69 平方千米和 6.25 平方千米。

建设用地：2010—2015 年，秦岭地区建设用地面积从 1274.69 平方千米增加到 1435.56 平方千米。建设用地的增加主要来源于农田，转化面积为 159.06 平方千米。

农田：5 年间秦岭农田减少趋势明显，从 2010 年的 16400.88 平方千米减少到 2015 年的 16113.56 平方千米。农田主要转化为落叶阔叶林和建设用地，转化面积分别为 51.63 平方千米和 216.56 平方千米；农田的增加主要来源于落叶阔叶林，转化面积为 17.94 平方千米。

2010—2015 年间，秦岭地区的常绿阔叶林、落叶阔叶林、常绿针叶林、灌木、水体、裸地和湿地总体变化不大，趋于稳定。

2015—2020 年土地利用类型的转换主要表现为农田的减少和建设用地的增加（图 2-20）。具体的转移情况见表 2-17。

草地：5 年间，秦岭地区的草地变化趋势不明显，增加了 36 平方千米。草地的转化部分较少；草地的增加主要来源于农田和落叶阔叶林，转化面积分别为 27.75 平方千米和 7.69 平方千米。

建设用地：2015—2020 年，秦岭地区建设用地面积从 1657.31 平方千米增加到 2243.06 平方千米。建设用地的增加主要来源于农田，转化面积为 568.63 平方千米。

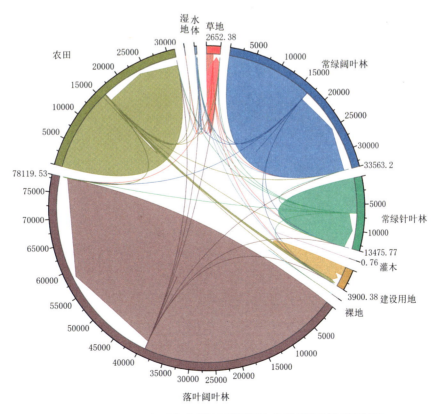

图 2-20　2015—2020 年陕西段秦岭土地利用转移弦图

表2-17 秦岭地区2015—2020年土地利用类型转移矩阵

2015年\2020年	草地	常绿阔叶林	常绿针叶林	灌木	建设用地	裸地	落叶阔叶林	农田	湿地	水体	总面积
草地	1304.81	0.06	0.31	0	0.81	0	1.69	0.44	0	0.06	1308.19
常绿阔叶林	2.38	16748.56	5.31	0	2.31	0	13.19	10.19	0	0.25	16782.19
常绿针叶林	1.38	2.38	6723.31	0	1.63	0	1.38	4.88	0	0.38	6735.31
灌木	0	0	0	0.38	0	0	0	0	0	0	0.38
建设用地	0	0	0	0	1657.31	0	0	0	0	0	1657.31
裸地	0	0	0	0	0	1.56	0	0	0	0	1.56
落叶阔叶林	7.69	12.63	4.44	0	10.38	0	38973.81	23.38	0	0.25	39032.56
农田	27.75	17.25	6.87	0	568.63	0.06	96.88	15380.69	2.69	12.69	16113.50
湿地	0	0	0	0	0	0	0	0	15.06	0	15.06
水体	0.19	0.13	0.19	0	2.00	0	0	3.13	0.50	193.88	200
总面积	1344.19	16781.00	6740.44	0.38	2243.06	1.62	39086.94	15422.69	18.25	207.50	81846.06

农田：5年间秦岭农田减少趋势明显，从2015年的16113.50平方千米减少到2020年的15422.69平方千米。农田主要转化为落叶阔叶林和建设用地，转化面积分别为96.88平方千米和568.63平方千米；农田的增加主要来源于落叶阔叶林，转化面积为23.38平方千米。

2015—2020年，秦岭地区的常绿阔叶林、落叶阔叶林、常绿针叶林、灌木、水体、裸地和湿地总体变化不大，趋于稳定。

综上所述，秦岭地区的土地利用类型仍然以林地为主。林草兴则生态兴，生态兴则文明兴。因此，开展秦岭森林生态系统监测区划与布局研究是十分必要的。

第三章
秦岭森林生态系统监测区划研究

森林生态系统监测区划体系是具有明确目标的反映区域自然属性及其变异规律的一种地理分析方式，其目标是决定区划方法与区划指标的核心，是布设森林生态系统定位观测站的基础。遵守合理的区划原则，依据科学的区位方法，构建秦岭森林生态区划指标体系，从而获得秦岭森林生态监测区划结果，以此指导秦岭生态系统定位观测站布局。

一、区划原则

秦岭是中国地理上最重要的南北分界线，生态环境独特，地理类型复杂，生物多样性丰富，森林植被类型丰富，是我国森林生态系统的重要组成部分。秦岭森林生态系统监测区划体系是布设森林生态系统定位观测站的基础。根据秦岭自然地理特征和社会经济条件，考虑秦岭植被的典型性，在构建秦岭森林生态系统监测区划体系时应遵循以下原则。

（一）生态区域空间异质性和相对一致性原则

秦岭森林生态系统绵延范围广，因气候、地貌、地形、土壤条件的不同，表现出与此相关的生态系统的空间分异，从而造成了秦岭森林生态系统和生态效益的差异。根据这些差异性，划分出具有不同生态功能的秦岭森林生态监测单元，同时保证生态监测单元内部的相对均质性，即气候、地形、植被等生态环境的相对一致性、秦岭森林生态系统实施政策的一致性等。相对一致性原则既适合"自上而下"顺序划分，又适合于"自下而上"的逐级合并，是区划结果均质性的保证。

（二）地域共轭原则

地域共轭原则也称为区域空间连续性原则。该原则要求每个具体的区划单位是一个连续的地域单位，不能存在独立于区划之外而又属于该区的单位。该原则决定了秦岭森林生态系统监测区划单位是个体的，不存在一个区划单位的分离部分，保证了区划结果的完整性和连续性。

二、区划方法

（一）构建综合指标体系

宏观生态系统地理地带性的客观表现构成了生态地理区域系统，按照自然界的地理地带分异规律，通过对系统内生物和非生物要素地理相关性进行比较研究和综合分析，可以划分成不同等级区域系统（Hilton，2023），即为生态地理区划。生态地理区划是区域划分的过程和结果，是科学认识区域系统的方法。程叶青等（2006）研究指出，生态地理区划是在对生态系统客观认识和掌握生态学方法的基础上，揭示生态地理区域相似性、规律性和差异性以及人类活动对系统干扰的响应，从而进行整合和划分生态环境的区域单元（Viccd S et al.，2021）。生态功能区划是依据区域生态系统类型、生态系统受胁迫过程、生态环境敏感性及生态服务功能进行的地理空间分区，目的是明确区域生态安全的必要性（冯丽梅，2020）。

指标体系是生态区划的核心研究内容，根据不同的区划目的与原则，为不同的区划确定具体的区划指标是国内外研究的热点和难点问题（曹云，2006）。中国典型生态区划方案中，通常采用的区划指标包括温度指标、水分指标、地形指标、植被指标、生态功能指标等类别。本研究主要选取了气候指标、植被指标、地形指标和生态功能区指标进行秦岭森林生态监测区划。

1. 温度指标

该区划通过对比分析秦岭已有的综合规划，以郑度院士《中国生态地理区域系统研究》的"中国生态地理区划"为主导，根据温度值表 [≥10℃积温日数（天）、≥10℃积温数值（℃）]，结合秦岭气象站 30 年日值气象数据确定秦岭内不同温度区域的区划（表3-1）。秦岭可以划分为个 3 温度带：暖温带半湿润地区、暖温带半干旱地区、北亚热带湿润地区（图 3-1）。

2. 水分指标

该区划的水分指标通过干湿指数进行衡量。全国共有 4 个等级的水分区划（表3-2），秦岭可分为湿润地区、半湿润地区和半干旱地区(图3-1)。湿润地区主要分布在大秦岭南麓，为北亚热带气候，降水多。半湿润地区主要分布在大秦岭北麓，为暖温带气候，降水较少。而半干旱地区主要在大秦岭西北地区，位于甘肃省定西市，大陆季风气候明显，降水稀少。干湿指数的计算方式如下：

$$I_a = ET_0 / P \tag{3-1}$$

式中：ET_0——参考作物蒸散量（毫米/月）；

P——年均降水量（毫米）；

I_a——干湿指数。

表 3-1 温度指标

温度带	主要指标		辅助指标		
	≥积温日数（天）	≥积温数值（℃）	1月平均气温（℃）	7月平均气温（℃）	平均年极端最低气温（℃）
寒温带	<100	<1600	<-30	<16	<-44
中温带	100～170	1600～3200（3400）	-30～12（-6）	16～24	-44～-25
暖温带	170～220	3200（3400）～4500（4800）	-12（-6）～0	24～28	-25～-10
北亚热带	220～240	4500（4800）～5100（5300） 3500～4000	0～4 3（5）～6	28～30 18～20	-14（-10）～-6（-4） -6～-4
中亚热带	240～285	5100（5300）～6400（6500） 4000～5000	4～10 5（6）～9（10）	28～30 20～22	-5～0 -4～0
南亚热带	285～365	6400（6500）～8000 5000～7500	10～15 9（10）～13（15）	28～29 22～24	0～5 0～2
边缘热带	365	8000～9000 7500～8000	15～18 13～15	28～29 >24	5～8 >2
中热带	365	>8000（9000）	18～24	>28	>8
赤道热带	365	>9000	>24	>28	>20
高原亚寒带	<50		-18～-10（-12）	6～12	
高原温带	50～180		-10（-12）～0	12～18	

注：数据来源为中国国家气象局编制的《中国气候区划图》。

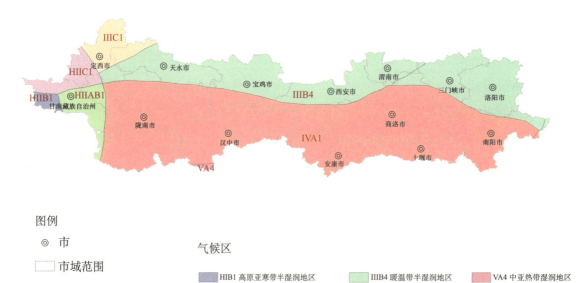

图 3-1 秦岭生态地理区划

表 3-2　水分指标

水分区划类型	指标范围
湿润类型	≤0.99
半湿润类型	1.00≤1.49
半干旱类型	1.50≤3.99
干旱类型	≥4.00

3. 植被指标

针对秦岭植被进行划分的区划有 1980 年吴征镒版《中国植被区划》和 2007 年张新时版《中国植被区划》。2007 年张新时版《中国植被区划》是综合了前人的植被区划成果完成，比 1980 年吴征镒版《中国植被区划》更为完整、详细，是目前最完整的植被区划图。

因此，秦岭植被区划指标采用 2007 年张新时版《中国植被区划》的秦岭部分。秦岭植物种类繁多，植被类型多样，分布错综复杂，植物资源十分丰富，主要包括 3 种植被区（表 3-3、图 3-2）。在这 3 种植被类型中，北亚热带半常绿季雨林区和暖温带南部落叶栎林区占地面积最大，分布在秦岭中部区域以及北部区域；温带南部森林（草甸）草原区占地面积最小，分布在秦岭的西北区域。

4. 地形指标

地形地貌条件对秦岭植被的生态地理特点的形成有十分重要的影响。依据 DEM 和地形起伏度两个指标，利用 ArcGIS 工具计算分析，将秦岭地形地貌划分为 6 个区域，分别是平原、台地、丘陵、小起伏山地、中起伏山地、大起伏山地（图 3-3）。由于整个大秦岭地形地貌复杂，所以这 6 个区域相互交错。

5. 主导生态功能指标

秦岭发挥着重要的生态功能，生态区位优势显著，国家重点生态功能区、生物多样性优先保护区和国家自然保护区在秦岭均有分布，这些区域能够突出秦岭地区的主导生态功能，可以作为秦岭森林生态监测区划的主导生态功能指标。生态功能区数据来源于生态环境部 2015 年修编的《全国生态功能区划（修编版）》。

表 3-3　秦岭植被类型区

编号	植被类型
Ⅲii	暖温带南部落叶栎林区
ⅣAi	北亚热带半常绿季雨林区
ⅥAiia	温带南部森林（草甸）草原区

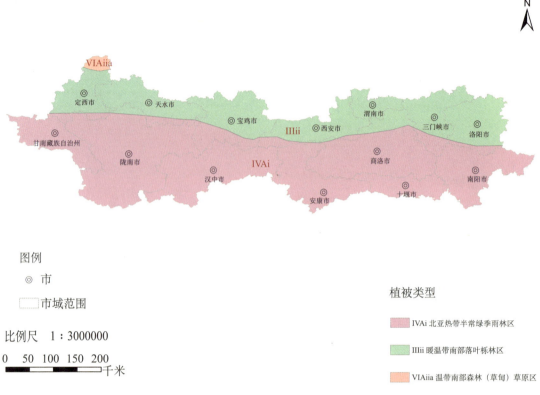

图 3-2　秦岭植被区划

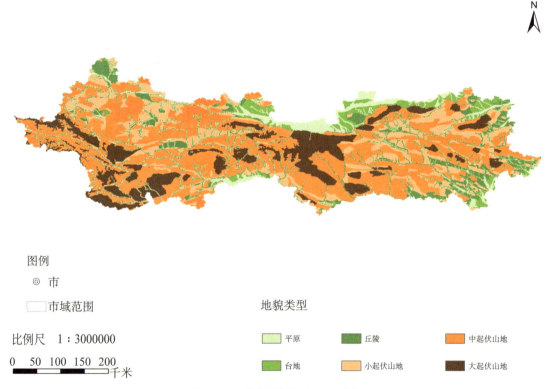

图 3-3　秦岭地貌类型区划

（二）建立空间数据库

森林生态监测区划空间数据库基于 ArcSDE 构建，数据库主要包括：①基础数据有秦岭行政区划、地形地貌数据、气象数据、植被区划；②辅助数据有全国重点生态功能区、全国生物多样性保护优先区域、全国重要生态系统保护和修复重大工程区域、秦岭重点生态功能区。

森林生态监测区划空间数据库中空间数据主要为矢量数据，矢量数据是通过记录坐标的方式尽可能精确地表示点、线、多边形等地理实体，是具有拓扑关系、面向对象的空间数据类型。矢量数据的结构紧凑、精度高、显示效果较好，其特点是定位明显、属性隐含，在计算长度、面积、形状和图形编辑操作中，矢量结构具有很高的效率和精度，因此在秦岭生态站布局研究中矢量数据是重要的基础数据。

属性数据主要包括 $\geqslant 10\ ℃$ 积温日数（天）、$\geqslant 10\ ℃$ 积温数值（℃）、干湿指数、植被类型等基础数据和生态功能类型等辅助区划类型数据。其获取途径主要包括：①地面实测数据资料；②各种试验观测数据，如气象站观测的气象数据等；③各种资源清查数据，如森林资源清查数据等，这些数据往往以其他的数据格式保存，应用时需要进行格式转换，将其转换成地理信息系统支持的格式；④文字报告，包括记录研究区的各种信息及各种科研报告等。

空间数据库的物理结构设计根据 GeoDatabase 的数据管理方案，物理模型设计的主要内容：①空间数据库结构设计；②地图数字化方案设计；③数据整理与编辑方案设计；④数据格式转换；⑤空间数据的更新；⑥地图投影与坐标变换；⑦多源、多尺度、多类数据集成与共享；⑧数据库安全保密。

（三）空间分析与生态地理区划

遥感（RS）、地理信息系统（GIS）和全球定位系统（GPS）形成的"3S"技术及其相关技术是近年来蓬勃发展的一门综合性技术，利用"3S"技术能够及时、准确、动态地获取资源现状及其变化信息，并进行合理的空间分析，对实现陆地生态系统的动态监测与管理及合理地规划与布局具有重要的意义。

地理信息系统是在计算机硬、软件系统支持下，对现实世界（资源与环境）的研究和变迁的各类空间数据及描述这些空间数据特性的属性进行采集、储存、管理、运算、分析、显示和描述的技术系统，它作为集计算机科学、地理学、测绘遥感学、环境科学、城市科学、空间科学、信息科学和管理科学为一体的新兴边缘学科而迅速地兴起和发展起来。其中，地理信息系统是以分层的方式组织地理景观，将地理景观按主题分层提取，同一地区的整个数据集表达了该地区某种地理景观的内容。从实现机制上而言，基于空间和非空间数据的联合运算的空间分析方法是实现规划目的的最佳方法。

（四）抽样方法

抽样是进行台站布局的基本方法。简单随机抽样、系统抽样和分层抽样是目前最常用的经典抽样模型。由于简单随机抽样不考虑样本关联，系统和分层抽样主要对抽样框进行改进，一般情况下抽样精度优于简单随机抽样。

（1）简单随机抽样是经典抽样方法中的基础模型。该方法适合当样本在区域上随机分布，且样本值的空间分异不大的情况下，可通过简单随机抽样得到较好的估计值。

（2）系统抽样是经典抽样中较为常用的方法。该种方法较简单随机抽样更加简单易行，不需要通过随机方法布置样点，适用于抽样总体没有系统性特征，或者其特征与抽样间隔不符合的情况。反之，当整体含有周期性变化，而抽样间隔又恰好与这种周期性相符，则会获得偏倚严重的样本。因此，该方法不适合用于具有周期性特点的情况。

（3）分层抽样又称为分类抽样或类型抽样。该抽样方法是将总体单位按照其属性特征划分为若干同质类型或层，然后在类型或层中随机抽取样本单位。通过划类分层，获得共性较大的单位，更容易抽选出具有代表性的调查样本。该方法适用于总体情况复杂、各单位之间差异较大和单位数量较多的情况。当层内变差较小而层间变差较大时，分层抽样可较好地提高抽样精度。该种方法需要用户更好地把握总体分异情况，从而较好地确定分层的层数和每个层的抽样情况。

根据 Cochran 分层标准，分层属性值相对近似的分到同一层。传统的分层抽样中，样本无空间信息，但是在空间分层抽样中，这种标准会使分层结果在空间上呈现离散分布，无法进行下一步工作。因此，空间分层抽样除了要达到普通分层抽样的要求，还应具有空间连续性。该思路符合 Tobler 第一定律：在进行空间分层抽样时，距离越近的对象，其相似度越高。

森林生态系统结构复杂，符合分层抽样的要求。国家或者省域尺度森林生态系统长期定位观测台站布局可通过分层抽样的方法来实现。层。生态地理区划是根据不同的目的，采用不同的指标将研究区域划为相对均质的分区，即生态环境状况相对一致的区域，在此基础上，选择典型的具有代表性的区域完成台站布局。分层后可采用随机抽样的方式选择站点。分层完成后，通过 ArcGIS 中的 Feature To Point（Inside）功能提取待布设台站分区的空间内部中心点布设森林生态站。

（五）空间分析

空间分析是图形与属性的交互查询，是从个体目标的空间关系中获取派生信息和知识的重要方法，可用于提取和传输空间信息，是地理信息系统与一般信息系统的主要区别。目前，空间分析主要包括空间信息量算、信息分类、缓冲区分析、叠加分析、网络分析、空间统计分析，主要研究内容包括空间位置、空间分布、空间形态、空间距离和空间关系。本书使用空间分析功能主要是为了实现分层抽样，主要采用了叠加分析和地统计学方法。

1. 叠加分析

叠加分析（overlay）像是一条数据组装流水线，通过叠加分析将参与分析的各要素进行分类，并将关联要素的属性进行组装。通过空间关系运算，得出在空间关系上相叠加的要素分组，每组要素中有两个要素，然后对分组后的每组要素进行求交集运算，通过求交集运算得出的几何对象为要素组内两要素的公共部分。运算完成后，创建目标要素，由于叠加分析产生目标要素类的属性是两个要素属性的并集，所以目标要素的属性包含要素分组中各个要素的属性值。另外，该分析功能还可用于判断矢量图层之间的包含关系。根据该特征，通过关键字将求交后的要素关联到需要增加属性的要素上，达到实际应用的目的。

叠加分析常用来提取空间隐含信息，它以空间层次理论为基础，将代表不同主题（植被、生态功能类型、生物多样性优先区域、地形地貌等）的数据层进行叠加产生一个新的数据层面，其结果综合了多个层面要素所具有的属性。生态站网络布局中，叠加分析应用十分广泛，如将温度、水分指标图层与植被图层、地形地貌图层等进行叠加分析，获得秦岭森林生态监测区划的基本图层，作为进行秦岭森林生态监测生态站网络布局的基础；将重点生态功能区和生物多样性保护优先区域进行叠加，作为森林资源生态监测网络布局的重点监测，区域叠加分析不仅产生了新的空间关系，还将输入的多个数据层的属性联系起来产生了新的属性。叠加分析中主要操作包括切割（clip）、图层合并（union）、修正更新（update）、识别叠加（identity）等。

本研究通过使用识别叠加，根据气候分区指标切割森林植被区，以形成布设生态站的基础生态区划图层。这一过程涉及多边形叠加操作，输出的图层是以其中一个输入图层为控制边界之内的所有多边形，通过此操作可获取秦岭生态监测区划。

数据裁切是从整个空间数据中裁切出部分区域，以便获取真正需要的数据作为研究区域，减少不必要参与运算的数据。矢量数据的裁切主要通过分析工具中的提取剪裁工具实现。同时，通过标识叠加方法将秦岭相关空间数据融合进秦岭森林生态监测区划的属性表中。

2. 空间插值方法

人们为了解各种自然现象的空间连续变化，采用若干空间插值的方法，将离散的数据转化为连续的曲面。主要分为两种：空间确定性插值（表3-4）和地统计学方法。其中，空间确定性插值主要是通过周围观测点的值内插或者通过特定的数学公式内插，较少考虑观测点的空间分布情况。所以，我们选择地统计学方法进行秦岭森林生态系统定位研究网络布局。

表3-4　空间确定性插值

方法	原理	适用范围
反距离权插值法	基于相似性原理，以插值点和样本点之间的距离为权重加权平均，离插值点越近，权重越大	样本点应均匀布满整个研究区域
全局多项式插值法	用一个平面或曲面拟合全区特征，是一种非精确插值	适用于表面变化平缓的研究区域，也可用于趋势面分析
局部多项式插值法	采用多个多项式，可以得到平滑的表面	适用于含有短程变异的数据，主要用于解释局部变异

(续)

方法	原理	适用范围
径向基函数插值法	一系列精确插值方法的组合，即表面必须通过每一个测得的采样值	适用于对大量点数据进行插值计算，可获得平滑表面，但如果表面值在较短的水平距离内发生较大变化，或无法确定样点数据的准确度，则该方法不适用

地统计学主要用于研究空间分布数据的结构性和随机性、空间相关性和依赖性、空间格局与变异等。该方法以区域化变量理论为基础，利用半变异函数，对区域化变量的位置采样点进行无偏最优估计。空间估值是其主要研究内容，估值方法统称为 Kriging 方法。Kriging 方法是一种广义的最小二乘回归算法。

Kriging 方法在气象方面的使用最为常见，主要可对降水、温度等要素进行最优内插，可使用该方法对秦岭土壤环境数据进行分析。由于球状模型用于普通克里格插值精度最高，且优于常规插值方法，因此本研究采用球状模型进行变异函数拟合，获得秦岭森林分布要素的最优内插。计算公式如下：

$$\gamma(h) = \begin{cases} 0 & h=0 \\ C_0+C\left(\dfrac{3}{2}\times\dfrac{h}{a}-\dfrac{1}{2}\times\dfrac{h^3}{a^3}\right) & 0<h\leqslant a \\ C_0+C & h>a \end{cases} \quad (3\text{-}2)$$

式中：C_0——块金效应值，表示 h 很小时两点间变量值的变化；

C——基台值，反映变量在研究范围内的变异程度；

a——变程；

h——滞后距离。

（六）合并标准指数

通过裁切处理获取森林生态监测区域，但这些区域并不都符合独立成为一个森林生态监测区域的面积要求和条件，需要利用合并标准指数进行计算分析其是否需要合并。在进行空间选择合适的生态区划指标经过空间叠置分析后，各区划指标相互切割获得许多破碎斑块，如何确定被切割的斑块是否可作为监测区域，是完成台站布局区划必须解决的问题。合并标准指数（merging criteria index，MCI），以量化的方式判断该区域是被切割，还是通过长边合并原则合并至相邻最长边的区域中，计算公式如下：

$$MCI = \dfrac{\min(S, S_i)}{\max(S, S_i)} \times 100\% \quad (3\text{-}3)$$

式中：S_i——待评估森林分区中被切割的第 i 个多边形的面积（$i=1, 2, 3, \cdots, n$）；

n——该森林分区被温度和水分指标切割的多边形个数；

S——该森林分区总面积减去 S_i 后剩余面积。

如果 $MCI \geq 70\%$，则该区域被切割出作为独立的台站布局区域；如果 $MCI < 70\%$，则该区域根据长边合并原则合并至相邻最长边的区域中；假如 $MCI < 70\%$，但面积很大（该标准根据台站布局研究区域尺度决定，本研究是超过 600 平方千米），则也考虑将该区域切割出作为独立台站布局区域。

（七）复杂区域均值模型

对于生态区数量的计算还需要利用复杂区域均值模型进行校验。由于在大区域范围内空间采样不仅有空间相关性，还有极大的空间异质性。因此，传统的抽样理论和方法较难保证采样结果的最优无偏估计。王劲峰等（2009）提出"复杂区域均值模型（mean of surface with non-homogeneity，MSN）"，将分层统计分析方法与 Kriging 方法结合，根据指定指标的平均估计精度确定增加点的数量和位置。该模型是将非均质的研究区域根据空间自相关性划分为较小的均质区域，在较小的均质区域满足平稳假设，然后计算在估计方差最小条件下各个样点的权重，最后根据样点权重估计总体的均值和方差。模型结合蒙特卡洛和粒子群优化方法对新布局采样点进行优化，加速完成期望估计方差的计算。该方法可用于对台站布局数量的合理性进行评估，其主要思路是结合现有样本点，运用分层抽样的分层区划方法，并综合考虑期望的估计方差。通过蒙特卡洛与粒子群优化技术，逐步增加样本点数量，直至达到期望估计方差的要求。具体公式如下：

$$n = \frac{(\sum W_h S_h \sqrt{e_h}) \sum (W_h S_h / \sqrt{e_h})}{V + (1+N) \sum W_h S_h^2} \tag{3-4}$$

式中：W_h——层的权；

　　　S_h^2——h 层真实的方差；

　　　N——样本总数；

　　　V——用户给定的方差；

　　　e_h——每个样本的数值；

　　　n——达到期望方差后所获得的样本个数。

经过上述空间分析处理后，获取秦岭森林生态监测区划。

三、区划结果

将秦岭生态地理区划、秦岭植被区划、秦岭地貌类型区划依次叠加，叠加结果将秦岭划分为 19 个均质区域，如图 3-4 所示。

根据合并标准指数法和长边合并原则将破碎区域进行不同程度的合并，生产相应的目标靶区，若在目标靶区布设森林生态站后，该生态站实际监测范围能够覆盖整个相对均质区域，非均质区域即破碎部分是森林生态站不能监测的区域。利用相对误差方法对监测范围进行精度评价，计算公式如下：

$$P = 1 - \left| \frac{X-T}{T} \right| \tag{3-5}$$

式中：P——监测精度；

X——森林生态站网络可监测面积（平方千米）；

T——森林生态区划中实有的面积（平方千米）。

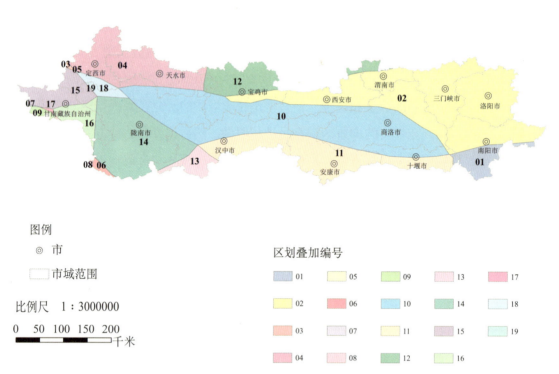

图3-4　秦岭生态地貌植被区划叠加

不同目标靶区个数会导致监测精度存在差异。为了选择最适宜个数的目标靶区，需计算不同靶区个数的监测精度。不同目标靶区个数的监测精度如表3-5所示，为了保证监测范围覆盖秦岭全部植被类型，同时保证较高的监测精度，且避免分区过度破碎化，最适宜的目标靶区个数为11，因此将秦岭划分为11个森林生态站网规划的有效分区，监测范围如图3-5所示。各分区按照"温度＋水分＋植被类型＋编号"进行命名。分区结果及其详细信息见表3-6和图3-6。

区划 IVAa1 中有南阳恐龙蛋化石群自然保护区。南阳恐龙蛋化石群国家级自然保护区分布于河南省南阳市伏牛山南麓的西峡、内乡、淅川、镇平县境内，其面积达78015公顷。该保护区主要保护对象为恐龙蛋化石，保护区范围内恐龙蛋化石有8科12属25种。该保护区生物多样性高，其物种和生境具有稀有性、典型性与代表性，在保持水土、调节气候、维持生态系统良性循环方面具有重要的保护价值，尤其是恐龙蛋化石群的保护性开发，对于研究古代生态结构、古生物进化、探索自然资源持续利用方面，具有极其重要的价值。

表 3-5 目标靶区及森林总监测精度

目标靶区个数	总监测精度（%）
19	100.00
15	99.91
13	97.78
11	96.11

图 3-5 森林有效分区监测范围

表 3-6 秦岭森林生态监测区划基础信息

编号	简称	名称	气候	植被	土壤	温度（℃）	降水量（毫米）	海拔（米）
1	IVAa1	北亚热带湿润江淮平原丘陵落叶常绿阔叶林及马尾松林区	北亚热带湿润区	江淮平原丘陵落叶常绿阔叶林及马尾松林区	黄褐土、黄棕壤	12~17	955~1170	94~1053
2	IIIBb2	温带半湿润晋冀山地黄土高原落叶阔叶林及松（油松、白皮松）侧柏林区	温带半湿润区	晋冀山地黄土高原落叶阔叶林及松（油松、白皮松）侧柏林区	褐土、棕壤	4~17	601~1158	154~2805

（续）

编号	简称	名称	气候	植被	土壤	温度（℃）	降水量（毫米）	海拔（米）
3	IIICc3	温带半干旱陇西黄土高原落叶阔叶林森林草原区	温带半干旱区	陇西黄土高原落叶阔叶林森林草原区	褐土、黄绵土	0～13	502～750	887～3913
4	IIIBd4	温带半湿润秦岭北坡落叶阔叶林和松（油松、华山松）栎林区	温带半湿润区	秦岭北坡落叶阔叶林和松（油松、华山松）栎林区	棕壤、黄棕壤	-1～17	636～973	234～3748
5	IVAe5	北亚热带湿润秦岭南坡大巴山落叶常绿阔叶混交林区	北亚热带湿润区	洛秦岭南坡大巴山落叶常绿阔叶混交林区	黄棕壤、黄褐土、棕壤	6～18	727～1053	120～2474
6	IIIBf6	温带半湿润陕西陇东黄土高原落叶阔叶林及松（油松、华山松、白皮松）侧柏林区	温带半湿润区	陕西陇东黄土高原落叶阔叶林及松（油松、华山松、白皮松）侧柏林区	黄绵土、褐土、棕壤	4～16	610～752	326～2695
7	IVAg7	北亚热带湿润四川盆地常绿阔叶林及马尾松柏木慈竹林区	北亚热带湿润区	四川盆地常绿阔叶林及马尾松柏木慈竹林区	黄棕壤、黄褐土	9～17	808～923	553～2053
8	IVAh8	北亚热带湿润洮河白龙江云杉冷杉林区	北亚热带湿润区	洮河白龙江云杉冷杉林区	棕壤、黄棕壤、褐土	1～17	565～957	544～4035
9	HIICh9	高原温带半干旱洮河白龙江云杉冷杉林区	高原温带半干旱区	洮河白龙江云杉冷杉林区	棕壤、暗棕壤	-3～13	649～881	1633～4523
10	HIIABh10	高原温带湿润/半湿润洮河白龙江云杉冷杉林区	高原温带湿润/半湿润区	洮河白龙江云杉冷杉林区	棕壤、暗棕壤	-2～15	621～883	1220～4364
11	IIICh11	温带半干旱洮河白龙江云杉冷杉林区	温带半干旱区	洮河白龙江云杉冷杉林区	棕壤、黑土	2～11	649～776	1628～3525

图3-6 秦岭森林生态监测区划

南阳恐龙蛋化石群是目前中国境内面积最大、数量最多、种类最全的恐龙蛋化石群，同时南阳恐龙蛋化石群也是中国发现年代最早的恐龙蛋化石群，时代大约为中生代白垩纪早期。在南阳恐龙蛋化石群发现之前，全世界出土的恐龙蛋化石还不足500枚，像这样数量达10万~40万枚的恐龙蛋化石实属罕见，震惊世界，因此被称为"世界第九大奇迹"。

区划IIIBb2中有小秦岭国家级自然保护区。河南小秦岭国家级自然保护区位于河南、陕西两省份交界的灵宝市西部、小秦岭北麓，属森林生态类型自然保护区。保护区总面积15160公顷，森林覆盖率81.2%。保护区管辖范围为国有三门峡河西林场，1982年河南省人民政府批准建立小秦岭省级自然保护区，2006年2月国务院批准晋级为国家级自然保护区。保护区主要保护对象是森林生态系统多样性、生物物种多样性、保护区内各种动植物物种及其生存环境。保护区分布有国家级重点保护植物13种，有国家级重点保护动物27种。

河南小秦岭国家级自然保护区内种子植物共有134科710属1997种及变种。其中，裸子植物5科9属11种，被子植物129科701属1986种。保护区内有国家级重点保护植物13种，其中属于国家一级保护野生植物的2种：银杏、红豆杉。河南小秦岭国家级自然保护区内昆虫有15目153科1060种，两栖动物有2目5科11种，鸟类有16目39科156种，兽类有6目20科51种及亚种。

区划IIIBd4中有甘肃小陇山国家级自然保护区和牛背梁国家级自然保护区。小陇山自然保护区是我国暖温带—亚热带过渡地区保存最原始的森林生态系统地区，属于森林生态系统类型的自然保护区，是亚热带湿润气候区和暖温带的过渡带，为南北气候的分水岭。另外，这里还处于我国动物区系分界线，东洋界和古北界物种在此相互渗透分布并以此为过渡带进行南北扩散，过渡性非常明显。保护区内自然环境原始、独特，物种古老珍稀，生物多样性典型、丰富。小陇山还是我国羚牛秦岭亚种的最西分布区和甘肃省境内羚牛秦岭亚种的最大分布区。

牛背梁国家级自然保护区位于秦岭东段，陕西省长安、柞水、宁陕三县交界处。总面积16520公顷，是西安市和陕南地区的重要水源涵养地，是中国唯一以保护国家一级保护野生动物羚牛及其栖息地为主的森林和野生动物类型的国家级自然保护区。它的建立使秦岭自然保护区群向东延伸了90千米，对加强秦岭生物多样性的全面保护有着十分重要的战略意义。

IVAe5中有洋县朱鹮自然保护区。朱鹮国家级自然保护区位于中国陕西省汉水之滨的汉中地区，跨越洋县和城固县，其主体在洋县境内，于1983年建立，属野生动物类型自然保护区。保护区总面积37549公顷，主要保护对象为濒危珍禽及其生境。1988年中国政府林业部与日本政府环境厅订立了《中日共同保护研究及其栖息地》合作项目，2001年陕西省人民政府批准建立保护区，2005年7月经国务院办批准成立陕西汉中朱鹮国家级自然保护区。

IVAg7中有陕西青木川国家级自然保护区。陕西青木川国家级自然保护区，位于汉中市宁强县，于2009年由国务院批准成立。保护区属北亚热带湿润地区，拥有特殊的地理位置及特殊气候类型，年平均气温13℃，属典型的凉亚热带山地气候。青木川国家级自然保护区孕育了丰富多样的动植物资源。青木川国家级自然保护区主要保护大熊猫、金丝猴、羚牛等珍稀野生动植物及其栖息环境。

IVAh8中有尖山自然保护区。尖山自然保护区位于甘肃省南部文县境内，东经104°40′～104°51′、北纬32°57′～33°02′，面积100.41平方千米。海拔820～3113米，为北亚热带湿润气候与暖温带湿润气候交会地带。其主要保护对象为大熊猫及其栖息地。区内植物种类丰富，属国家级重点保护的珍贵树种有红豆杉等；动物中兽类37种，鸟类49种，爬行类6种，两栖类3种，鱼类3种。其中，属国家一级、二级保护野生动物有大熊猫、扭角羚、鬣羚、黑熊、林麝、豺、大灵猫、金猫、蓝马鸡、红腹锦鸡、红腹角雉、鹰及大鲵等。该区生存的大熊猫是个独立的小群体，现有7～8只。

HIIABh10中有插岗梁大熊猫自然保护区。插岗梁大熊猫自然保护区于2005年12月建立，位于甘肃省甘南藏族自治州舟曲县境内，保护区总面积为118813.0公顷，保护对象为大熊猫及珍稀野生动植物。该保护区地势呈西北至东南走向的带状林区，其区域内涉及舟曲县的憨班、大峪、峰迭、武坪、插岗、拱坝及曲告纳乡。保护区周围被迭部县、宕昌县、武都区、文县等县及四川省的九寨沟县环绕。保护区东邻陇南市武都区，南以插岗梁山脉为界与舟曲县（博峪乡）境内的白水江林业局和四川省九寨沟县相连，西以迭部县的羊布梁山脉为界与多儿省级自然保护区相接，北与舟曲县曲瓦乡、大峪乡、立节乡、憨班乡、峰迭乡、果耶乡、拱坝乡等乡相毗连。

第四章
秦岭森林生态系统监测布局研究

森林生态系统长期定位观测研究可为森林经营和生态效益评估提供基础数据。森林生态系统长期定位观测台站布局体系是科学合理开展森林生态系统长期定位研究的基础。秦岭南北覆盖亚热带和暖温带两个气候带，东西横跨甘肃、陕西、河南三省，森林资源丰富且复杂，在有效分区内合理布局秦岭森林生态连清体系监测站点，完成秦岭森林生态系统定位观测研究网络规划是摸清秦岭生态家底的有效途径，有助于秦岭"双碳"目标的实现。

一、布局原则

森林生态站之间存在着客观的内在联系，它们相互补充、相互依存、相互衔接，体现了构建森林生态监测网络的必要性。考虑到生态站点的稳定性以及各站点间的协调性和可比性，确定秦岭森林生态连清体系监测站点的布局原则如下。

（一）分区布局原则

在充分分析秦岭区域自然生态条件的基础上，从生态建设的整体出发，根据气候、植被、地形、重点生态功能区和生物多样性保护优先区进行森林监测区划分析，在监测区划的基础上进行生态站网络规划布局。森林生态站应以国家森林公园或自然保护区等国有土地为首要选择，保障土地可以长时间使用。

（二）网络化原则

采用多站点联合、多系统组合、多尺度拟合、多目标融合的原则。多站点联合即通过建设秦岭森林生态连清体系监测网络，实现多个站点协同研究；多系统组合即实现不同类型的森林生态系统联网研究；多尺度拟合即研究对象覆盖个体、种群、群落、生态系统、景观、区域多个尺度；多目标融合即实现生态站多目标观测，充分发挥一站多能、综合监测的特点。

(三) 区域特色原则

秦岭是中国地理上最重要的南北分界线，生态环境独特，地理类型复杂，生物多样性丰富，生态系统功能异质、多样。按照不同类型生态系统的典型性、代表性和科学性，立足现有生态站点，全面科学地规划布局森林生态站，优化资源配置。根据区域内地带性观测需求，在秦岭建设具有区域典型性和代表性的一批生态站，为保护和研究区域生态系统提供理论和数据支撑。

(四) 政策管理与数据共享原则

森林生态站的建设、运行、管理和数据收集等工作应该严格遵循《森林生态系统长期定位观测指标体系》（GB/T 35377—2017）、《森林生态系统长期定位观测方法》（GB/T 33027—2016）等国家标准的要求。网络成果实行资源和数据共享，满足各个部门和单位管理及科研需要。

二、布局思路

基于秦岭森林生态区划，进行生态站布局，思路如下：

(1) 为保证能够监测到所有森林类型，每个森林生态分区应该至少布局 1 个森林生态站。若该森林生态分区已经建设有森林生态站，则把已建森林生态站纳入网络布局，不再重新建设森林生态站，反之则需要重新布设森林生态站。

(2) 在没有建设森林生态站的森林生态分区，优先考虑该森林生态分区中的生态功能区，利用 ArcGIS 中的 Feature To Point（Inside）功能提取生态功能区的空间内部中心点布局森林生态站。若生态功能区面积不足该森林生态分区面积的 50%，则除了在生态功能区内布局生态站，还需要提供生态功能区外区域的空间内部中心点补充布设森林生态站。

(3) 若该森林生态分区内既没有已经建设的森林生态站，也不在生态功能区的范围内，则直接提取该森林生态分区的空间内部中心点布设森林生态站。

(4) 根据生态区位重要性及生态站建设水平，将森林生态站划分为重点站、基本站和监测站 3 个级别，其中重点站的重要性高于基本站，基本站的重要性高于监测站，优先对重点站进行建设。重点站的区域典型性、代表性和地域特色明显，除满足对生态参数的观测需求外，能够紧跟生态学研究前沿，回答生态建设的重大科学问题，且具有一定的示范和带动作用；基本站具有稳定的科研队伍，能够进行森林生态站间的多站点联合研究；监测站只需完成对生态指标的观测，以获取生态参数。

基于以上布局思路完成秦岭生态站网络布局的构建，并分别从森林、重点生态功能区、生物多样性保护优先区的角度，利用相对误差方法对每个森林生态分区的监测精度进行评价。

三、布局方法

秦岭森林生态系统监测布局在"典型抽样"思想指导下，以森林生态站布局特点和布局体系为原则，依据生态站的监测要求，选择典型的、具有代表性的区域完成森林生态站的布局。在完成秦岭森林生态监测区划的基础上，提取相对均质区域作为秦岭森林生态监测布局的目标靶区，并对森林生态站的监测范围进行空间分析，确定秦岭森林生态监测网络布局的有效分区。在有效分区的基础上，综合分析秦岭森林生态功能监测需求，布设生态效益监测站，并对站点密度进行空间分析后，确定站点位置，从而完成秦岭森林生态监测布局的构建。

本布局主要从中国森林生态系统定位研究网络（CFERN）、科技部发布的国家野外科学观测研究站优化调整名单以及省级森林生态站中选取适宜站点。在秦岭森林生态监测区划的基础上，若该分区有已建森林生态站，则把已建森林生态站纳入网络布局，不再重新建设森林生态站；反之，则需要重新布设生态效益监测站。

四、布局结果

依据布局思路对秦岭区域进行生态站布局，结果表明，本区域共需布设 17 个森林站（表 4-1），目前已建成 4 个森林站，分别是白龙江站、小陇山站、宝天曼站和秦岭站。拟新建的 13 个站依据生态区位重要性可划分为 3 个重点站（岷县站、郧西站和武都站），5 个基本站（内乡站、陈仓站、宁强站、宕昌站和礼县站）和 5 个监测站（漳县站、汉滨站、凤翔站、迭部站和宕昌站）。各森林站的站点位置如表 4-1 所示。

表 4-1 森林生态站基础信息

编号	生态站	生态站级别	生态区	主导生态功能区	省份	县域	现状
1	岷县站	核心站	温带半干旱陇西黄土高原落叶阔叶林森林草原区	北秦岭西部水源涵养生态功能区	甘肃省	岷山县	拟建
2	郧西站	核心站	北亚热带湿润秦岭南坡大巴山落叶常绿阔叶混交林区	丹江口库区水源涵养与水质保护生态功能区	湖北省	郧西县	拟建
3	武都站	核心站	北亚热带湿润洮河白龙江云杉冷杉林区	康县、武都南部水源涵养与生物多样性保护生态功能区	甘肃省	武都区	拟建
4	内乡站	重点站	北亚热带湿润江淮平原丘陵落叶常绿阔叶林及马尾松林区	西峡内乡水源涵养与水土保持生态功能区	河南省	内乡县	拟建
5	陈仓站	重点站	温带半湿润陕西陇东黄土高原落叶阔叶林及松（油松、华山松、白皮松）侧柏林区	秦岭北坡中西段水源涵养生态功能区	陕西省	陈仓区	拟建

(续)

编号	生态站	生态站级别	生态区	主导生态功能区	省份	县域	现状
6	宁强站	重点站	北亚热带湿润四川盆地常绿阔叶林及马尾松柏木慈竹林区	米仓山水源涵养生态功能区	陕西省	宁强县	拟建
7	宕昌站	重点站	高原温带半干旱洮河白龙江云杉冷杉林区	白龙江上游针叶林水源涵养与生物多样性保护生态功能区	甘肃省	宕昌县	拟建
8	礼县站	重点站	温带半干旱洮河白龙江云杉冷杉林区	北秦岭西部水源涵养生态功能区	甘肃省	礼县	拟建
9	漳县站	一般站	温带半干旱陇西黄土高原落叶阔叶林森林草原区	—	甘肃省	漳县	拟建
10	汉滨站	一般站	北亚热带湿润秦岭南坡大巴山落叶常绿阔叶混交林区	—	陕西省	汉滨区	拟建
11	凤翔站	一般站	温带半湿润陕西陇东黄土高原落叶阔叶林及松（油松、华山松、白皮松）侧柏林区	—	陕西省	凤翔县	拟建
12	迭部站	一般站	高原温带半干旱洮河白龙江云杉冷杉林区	—	甘肃省	迭部县	拟建
13	宕昌监测站	一般站	温带半干旱洮河白龙江云杉冷杉林区	—	甘肃省	宕昌县	拟建
14	白龙江站	重点站	高原温带湿润/半湿润白龙江上游油松、紫果云杉、云杉、青杄、黄果冷杉、铁杉林小区	白龙江上游针叶林水源涵养与生物多样性保护生态功能区	甘肃省	舟曲县	已建
15	小陇山站	重点站	温带半湿润碑岭西部辽东栎、锐齿槲栎、华山松林小区	小陇山林区水源涵养与生物多样性保护重要生态功能区、秦岭生物多样性保护优先区域	甘肃省	徽县	已建
16	宝天曼站	重点站	北亚热带湿润伏牛山南麓，南军山、口山山地落叶栎类、马尾松、华山松林小区	伏牛山熊耳山外方山生物多样性保护生态功能区、秦岭生物多样性保护优先区域	河南省	内乡县	已建
17	秦岭站	重点站	北亚热带湿润留坝、宁陕秦岭南坡锐齿槲栎、山杨、白桦林小区	秦岭中高山生物多样性保护生态功能区、秦岭生物多样性保护优先区域	陕西省	宁陕县	已建

第四章 秦岭森林生态系统监测布局研究

秦岭生态站点的空间分布表现为甘肃省(7个)、陕西省(4个)、湖北省(1个)和河南省(1个)。从布设密度而言,甘肃省和陕西省的生态站相对密集,湖北省和河南省的生态站相对较少。究其原因,地貌类型、区域面积和生态功能区是主要的影响因素。具体而言,甘肃省和陕西省地貌类型复杂,区划结果的分区较多,占总分区的77%以上,因而生态站布局较多。此外,秦岭重点生态功能区和生物多样性保护优先区也多分布于甘肃省和陕西省,且河南省和湖北省所占面积较小。在甘肃省和陕西省共布设森林生态站11个,占秦岭布设生态站总数的84.7%,保证了森林生态站站点分布与重点生态功能区和生物多样性保护优先区相匹配,表明该布局可以有效监测秦岭生态功能区内的森林生态系统。

岷县站和漳县站都属于区划IIICc3,该地区隶属甘肃省,从生态分区上属于温带半干旱陇西黄土高原落叶阔叶林森林草原区,年平均气温为0～13℃,年平均降水量502～750毫米;海拔887～3913米,主导生态功能区为水源涵养。

郧西站和汉滨站都属于区划IVAe5,该地区从生态分区上属于北亚热带湿润秦岭南坡大巴山落叶常绿阔叶混交林区,年平均气温为6～18℃,年平均降水量727～1053毫米;海拔120～2474米,主导生态功能区为水源涵养与水质保护。

武都站属于区划IVAh8,该地区从生态分区上属于北亚热带湿润洮河白龙江云杉冷杉林区,年平均气温为1～17℃,年平均降水量565～957毫米;海拔544～4035米,主导生态功能区为水源涵养与生物多样性保护。

内乡站属于区划IVAa1,该地区从生态分区上属于北亚热带湿润江淮平原丘陵落叶常绿阔叶,年平均气温为12～17℃,年平均降水量955～1170毫米;海拔94～1053米,主导生态功能区为水源涵养与水土保持。

陈仓站和凤翔站属于区划IIIBf6,该地区从生态分区上属于温带半湿润陕西陇东黄土高原落叶阔叶林及松(油松、华山松、白皮松)侧柏林区,年平均气温为4～16℃,年平均降水量610～752毫米;海拔326～2695米,主导生态功能区为水源涵养。

宁强站属于区划IVAg7,该地区从生态分区上属于北亚热带湿润四川盆地常绿阔叶林及马尾松柏木慈竹林区,年平均气温为9～17℃,年平均降水量808～923毫米;海拔553～2053米,主导生态功能区为水源涵养。

宕昌站和迭部站属于区划HIICh9,该地区从生态分区上属于高原温带半干旱洮河白龙江云杉冷杉林区,年平均气温为-3～13℃,年平均降水量649～881毫米;海拔1633～4523米,主导生态功能区为水源涵养与生物多样性保护。

礼县站和宕昌监测站属于区划IIICh11,该地区从生态分区上属于温带半干旱洮河白龙江云杉冷杉林区,年平均气温为2～11℃,年平均降水量649～776毫米;海拔1628～3525米,主导生态功能区为水源涵养。

白龙江站属于区划HIIABh10,该地区从生态分区上属于高原温带湿润/半湿润白龙江上游油松、紫果云杉、云杉、青杆、黄果冷杉、铁杉林小区，年平均气温为 -2 ~ 15℃，年平均降水量 621 ~ 883 毫米；海拔 1220 ~ 4324 米，主导生态功能区为水源涵养与生物多样性保护。

小陇山站和秦岭站属于区划 IIIBd4，该地区从生态分区上属于温带半湿润碑岭西部辽东栎、锐齿槲栎、华山松林小区和北亚热带湿润留坝、宁陕秦岭南坡锐齿槲栎、山杨、白桦林小区，年平均气温为 -1 ~ 17℃，年平均降水量 636 ~ 973 毫米；海拔 234 ~ 3748 米，主导生态功能区为水源涵养与生物多样性保护。

宝天曼站属于区划 IIIBb2，该地区从生态分区上属于北亚热带湿润伏牛山南麓，南军山、口山山地落叶栎类、马尾松、华山松林小区，年平均气温为 4 ~ 17℃，年平均降水量 601 ~ 1158 毫米；海拔 154 ~ 2805 米，主导生态功能区为生物多样性保护。

森林生态站的总体布局如图 4-1 所示，若在这些点建立生态站，则可保证整个秦岭地区基本处于监测范围之内。森林生态站在重点生态功能区的布局如图 4-2 所示，在生物多样性保护优先区的布局如图 4-3 所示，该监测布局规划能保证秦岭范围内的重点生态功能区和生物多样性优先保护区域基本处于监测范围之内，经精度验证，该布局规划合理。

基于植被图斑矢量数据和生态功能区划数据，从森林、重点生态功能区和生物多样性保护优先区 3 个层次分别对森林生态站网络监测范围进行空间分析，结果见表 4-2。

森林面积的总监测精度为 98.33%，分区 IVAa1、IIIBb2、IIIBd4、IVAe5、IIIBf6、IVAg7 的监测精度均达到了 100%；分区 IIICc3、IVAh8、HIICh9、HIIABh10、IIICh11 的监测精度也均达 85% 以上。

图 4-1　秦岭森林生态站布局

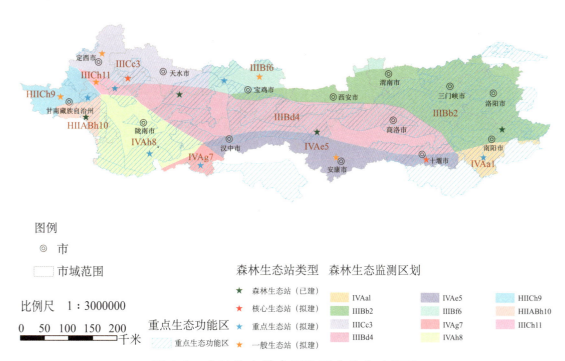

图 4-2　森林生态站布局和重点生态功能区

图 4-3　秦岭生态站布局和生物多样性优先保护区

表 4-2　森林生态站网络监测类型面积精度

森林生态区		森林	重点生态功能区	生物多样性优先保护区
分区精度（%）	IVAa1	100.00	100.00	100.00
	IIIBb2	100.00	100.00	100.00
	IIICc3	99.28	100.00	100.00
	IIIBd4	100.00	100.00	100.00
	IVAe5	100.00	100.00	100.00
	IIIBf6	100.00	100.00	100.00
	IVAg7	100.00	100.00	—
	IVAh8	97.48	94.05	100.00
	HIICh9	88.35	100.00	—
	HIIABh10	96.63	96.96	—
	IIICh11	99.89	100.00	—
总精度（%）		98.33	99.18	100.00

重点生态功能区的总监测精度为 99.18%，分区 IVAa1、IIIBb2、IIICc3、IIIBd4、IVAe5、IIIBf6、IVAg7、HIICh9、IIICh11 的监测精度均达到了 100%；分区 IVAh8 和 HIIABh10 的监测精度也均达 90% 以上。

生物多样性优先区的总监测精度为 100%。

若在目标靶区内布设森林生态站，则森林生态站网络可以监测覆盖秦岭 98.33% 的森林面积，99.18% 的重点生态功能区面积和 100% 的生物多样性保护优先区面积，证明该目标靶区划分科学合理，可作为森林生态站网络规划的有效分区。

森林生态系统是秦岭陆地生态系统的主体，在维护区域生态环境和"双碳"目标实现过程中发挥着不可替代的作用。由于政府部门对秦岭生态系统的持续关注，秦岭植被覆盖率持续提升、生态环境质量综合指数显著改善。为了摸清秦岭森林生态系统的"家底"，合理布局 17 个生态站，包括重点站（7 个）、基本站（5 个）以及监测站（5 个），分层分级地围绕森林生态系统要素开展监测，实施多元化的观测和研究，可为深入揭示秦岭森林生态系统的结构及动态、过程、生态系统服务及其生态保育与恢复提供科学基础，对维护我国生态安全、推进生态文明建设具有重要意义。

秦岭森林生态站的主要监测内容如表 4-3 所示。对于重点站，由于其具有区域典型性和代表性，要求重点站的监测内容能够紧跟生态学前沿，回答生态建设所面临的重大科学问题。因此，重点站的监测内容包含三方面。一是常规生态参数监测：包括气象指标、森林土壤理化指标、森林生态系统的健康与可持续发展指标、森林水文指标及森林的群落学特征指

表 4-3　森林生态站监测内容

编号	生态站	生态站级别	气象指标 常规	气象指标 专项	森林土壤理化指标 常规	森林土壤理化指标 专项	森林生态系统的健康与可持续发展指标 常规	森林生态系统的健康与可持续发展指标 专项	森林水文指标 常规	森林水文指标 专项	森林的群落学特征指标	生物多样性观测指标
1	岷县站	重点站	√	√	√	√	√	√	√	√	√	√
2	郧西站	重点站	√	√	√	√	√	√	√	√	√	√
3	武都站	重点站	√	√	√	√	√	√	√	√	√	√
4	内乡站	基本站	√	√	√	√	√	√	√	√	√	
5	陈仓站	基本站	√	√	√	√	√	√	√	√	√	
6	宁强站	基本站	√	√	√	√	√	√	√	√	√	
7	岩昌站	基本站	√		√	√	√	√	√	√	√	
8	礼县站	基本站	√		√	√	√	√	√	√	√	
9	漳县站	监测站	√		√		√	√	√	√	√	
10	汉滨站	监测站	√	√	√		√	√	√	√	√	
11	凤翔站	监测站	√		√		√	√	√	√	√	
12	迭部站	监测站	√		√		√	√	√	√	√	
13	岩昌站	监测站	√		√		√	√	√	√	√	
14	白龙江站	重点站	√	√	√	√	√	√	√	√	√	√
15	小陇山站	重点站	√	√	√	√	√	√	√	√	√	√
16	宝天曼站	重点站	√	√	√	√	√	√	√	√	√	√
17	秦岭站	重点站	√	√	√	√	√	√	√	√	√	√

标；二是专项生态参数监测：包括专项气象指标、专项森林土壤理化指标、专项森林生态系统的健康与可持续发展指标及专项森林水文指标；三是森林生物多样性监测：由于长期的森林多样性监测对理解森林生物多样性维持机制、预测生物多样性变化造成的生态系统功能和服务的变化等重要科学问题具有重大支撑作用，在重点站实施森林生物多样性监测必不可少。森林生物多样性监测包括植被观测指标、野生植物观测指标、野生动物观测指标、环境要素观测指标和外来入侵植物观测指标。对于拟建的重点站（岷县站、郧西站、武都站）在建设过程中应全面考虑以上监测内容，布设监测设备。对于已建的重点站（白龙江站、小陇山站、宝天曼站、秦岭站）应对照以上监测内容，补充相应的监测设备。具体的监测指标参见第五章第一和第二部分。

对于基本站，监测内容应遵循规范的观测指标体系及观测标准，能够开展完成的生态参数监测，满足森林生态站间多站点联合的高水平研究。因此，重点站的监测内容包含两个方面。一是常规生态参数监测：包括气象指标、森林土壤理化指标、森林生态系统的健康与可持续发展指标、森林水文指标及森林的群落学特征指标；二是专项生态参数监测：包括专项气象指标、专项森林土壤理化指标、专项森林生态系统的健康与可持续发展指标及专项森林水文指标。内乡站、陈仓站、宁强站、宕昌站和礼县站在建设过程中应考虑以上两方面监测内容，布设相应的监测设备。具体的监测指标参见第五章第一部分。

对于监测站，监测内容需要完成常规的生态参数监测，包括气象指标、森林土壤理化指标、森林生态系统的健康与可持续发展指标、森林水文指标及森林的群落学特征指标。漳县站、汉滨站、凤翔站、迭部站和宕昌监测站需要具备基础的观测仪器设备和基础设施，完成对生态指标的观测，获取生态参数。具体的监测指标参见第五章第一部分。

第五章

秦岭森林生态连清体系构建与专项监测研究进展

森林生态系统作为绿水青山的重要组成部分，在为人类提供生态产品支持的同时发挥着重要的生态服务功能，如保育土壤、涵养水源、固碳释氧等。量化森林生态系统生态产品和生态服务功能是树立并提高人类保护森林、保护生态意识的有效途径，有利于生态文明建设。获取森林生态系统精确的生态参数，是实现生态产品和生态服务功能价值化的重要路径。森林生态连清技术体系考虑了森林生态状况的监测与森林资源监测的耦合，集森林资源清查、生态参数观测调查、指标体系和价值评估方法于一体，致力于科学精确获取森林生态参数。构建秦岭森林生态系统连清体系，为核算秦岭的"绿水青山价值多少金山银山"提供技术依据和数据支撑。

秦岭作为"中华碳库"和"中华种库"，具有典型的固碳功能和丰富的生物多样性。秉承"五库"统筹理念，按照一站、两址、十样点的总体布局，建立横向互联、纵向互通的秦岭森林生态系统碳汇和生物多样性监测与研究体系，为稳健推进"美丽中国"和"双碳"目标的国家战略需求提供科技支撑。

一、秦岭森林生态连清体系构建

（一）森林生态站野外观测内容

森林生态站按照国家标准《森林生态系统长期定位观测指标体系》（GB/T 35377—2017）规定，开展气象常规指标、森林土壤理化指标、森林生态系统的健康与可持续发展指标、森林水文指标及森林的群落学特征指标的观测（表5-1至表5-9）。

1. 常规气象参数

常规气象参数主要包含风速、光照强度、温度、湿度、气压、土壤温度及降水等常规气象因子，气象监测是对常规气象参数进行系统性、连续性的监测，以获得具有代表性、准确性的森林生态系统典型区域的气象参数资料，了解典型区域生态系统气象因子变化，以及气象因子对森林植被生长发育的影响及关键性气象因子，为研究森林植被对气候的响应提供基础研究数据。建立一套森林生态系统气象观测系统是一项非常重要的工作。该系统是整个森林生态系统观测和研究的基础，为使气象观测系统更具有代表性，常规气象观测场的建设应满足国家标准《森林生态系统长期定位观测研究站建设规范》（GB/T 40053—2021）的相关要求。对于常规气象参数的监测数据应对气象观测仪器、环境条件、操作方法、观测时间等建立严格的要求和统一的遵循标准。

表 5-1 森林生态站基本气象常规监测指标

指标类别	观测指标	单位	观测频度	备注
天气现象	气压	百帕	每小时1次	
风	10米处风速	米/秒	每小时1次	
	10米处风向	°		
空气温度	最低温度	℃	由定时值获取	
	最高温度			
	定时温度		每小时1次	
地表面和不同深度土壤的温度	地表定时温度	℃	每小时1次	
	地表最低温度		由定时值获取	
	地表最高温度			
	10厘米深度地温		每小时1次	
地表面和不同深度土壤的温度	20厘米深度地温			
	30厘米深度地温			
	40厘米深度地温			
空气湿度	相对湿度	%		
辐射	总辐射量	瓦/平方米	每小时1次	
	日照时数	小时		
	光合有效辐射	瓦/平方米		
大气降水	降水量	毫米		
水面蒸发	蒸发量			
空气质量	空气负离子	个/立方厘米		
	$PM_{2.5}$、PM_{10}等颗粒物浓度	微克/立方米		有条件的生态站观测

表 5-2 森林生态站自选气象常规监测指标

指标类别	观测指标	单位	观测频度
天气现象	云量、风、雨、雪、雷电、沙尘		每日1次
辐射	净辐射量	瓦/平方米	每小时1次
	分光辐射		
	UVA/UVB辐射量		

2. 森林土壤理化指标

森林土壤理化指标是森林土壤质量评价体系的重要指标。森林土壤质量是在自然或管理的森林生态系统边界内，土壤具备的能够维持动植物生产可持续性，保持和提高水、空气质量，以及支撑人类健康与生活的能力。土壤质量的概念不仅仅是土壤环境质量的概念，更关系到生态系统的稳定性，及森林生态系统的可持续性，与土壤形成因素及其动态变化有关的一种固有的土壤属性。森林土壤理化指标从土壤系统的组分、状态、结构、理化及生物学性质、功能、时空等方面综合考虑。森林土壤理化指标主要包含土壤生物学指标、土壤物理指标、土壤化学指标三个方面，监测参数主要有森林枯落物落叶厚度、土壤颗粒组成、土壤pH值等（表5-3、表5-4）。

表 5-3 森林生态站土壤理化基本监测指标

指标类别	观测指标	单位	观测频度	备注
森林枯落物	厚度	毫米	每年1次（3~5月）	
土壤物理性质	土壤颗粒组成	%	每5年1次（逢1逢6），如2011年、2016年、2021年等	观测区间为0~40厘米，步长为10厘米，有条件的站点可增加深度
	土壤容重	克/立方厘米	每5年1次（逢1逢6）	
	土壤总孔隙度毛管孔隙及非毛管孔隙	%		
土壤化学性质	土壤pH值		每年1次（3~5月）	
	土壤有机质	%	每5年1次（逢1逢6）	注明采样深度
	土壤全氮			
	水解氮	毫克/千克		
	亚硝态氮			
	土壤全磷	%		
	有效磷	毫克/千克		
	土壤全钾	%		
	速效钾	毫克/千克		
	缓效钾			

表 5-4 森林生态站土壤理化自选监测指标

指标类别	观测指标	单位
土壤化学性质	土壤阳离子交换量	厘摩尔/千克
	土壤交换性钙和镁（盐碱土）	
	土壤交换性钾和纳	
	土壤交换性酸量（酸性土）	
	土壤交换性盐基总量	
	土壤碳酸盐量（盐碱土）	
	土壤水溶性盐分（盐碱土中的全盐量、碳酸根和重碳酸根、硫酸根、氯根、钙离子、镁离子、钾离子、钠离子）	%，毫克/千克
	土壤全镁	%
	有效镁	毫克/千克
	土壤全钙	%
	有效钙	毫克/千克
	土壤全硼	%
	有效硼	毫克/千克
	土壤全锌	%
	有效锌	毫克/千克
	土壤全锰	%
	有效锰	毫克/千克
	土壤全钼	%
	有效钼	毫克/千克
	土壤全铜	%
	有效铜	毫克/千克

3. 森林生态系统的健康与可持续发展指标

森林生态系统健康是指森林生态系统有能力进行资源更新，在生物和非生物因素，如病虫害、环境污染、营林、林产品收获的作用下，从一系列的胁迫因素中自主恢复并能保持其生态恢复力。森林生态系统的健康与可持续发展指标是评价森林生态系统的整合性、稳定性和可持续性的重要指标，反映森林生态系统抵抗环境胁迫和外部干扰，并处于动态平衡的能力。其主要监测对象为国家、地方保护和地方特有的动植物种类、数量。

表 5-5 森林生态站生态系统的健康与可持续发展基本监测指标

指标类别	观测指标	单位	观测频度	备注
生物多样性	国家或地方保护动植物的种类、数量		每5年1次（逢1逢6）	
	地方特有物种的种类、数量			
	动植物编目、数量			

表5-6 森林生态站生态系统的健康与可持续发展自选监测指标

指标类别	观测指标	单位	观测频度
病虫害的发生与危害	有害昆虫与天敌的种类		每年1次
	受到有害昆虫危害的植株占总植株的百分比	%	
	有害昆虫的植株虫口密度和森林受害面积	个/公顷、公顷	
	植物受感染的菌类种		
	受到菌类感染的植株占总植株的百分比	%	
	受到菌类感染的森林面积	公顷	
水土资源的保持	林地土壤的侵蚀强度	级	
	林地土壤侵蚀模数	吨/（平方千米·年）	
污染对森林的影响	对森林造成危害的干、湿沉降组成成分		
	大气降水的酸度，即pH值		
	林木受污染物危害的程度		
与森林有关的灾害的发生情况	森林流域每年发生洪水、泥石流的次数和危害程度以及森林发生其他灾害的时间和程度，包括冻害、风害、干旱、火灾等		

4. 森林水文指标

在森林与水的关系中的主要问题上，一直存在着较大争议。森林作为结构复杂且功能多样的生态系统，与水的相互关系会因地域差异而有所不同，不同地域不同森林类型所表现出来的生态功能也存在差异。在森林水分循环的各个环节中，既有共性的一方面，又因地域和森林类型的多种多样而表现出差异。森林水文指标则是评价森林与水之间关系的重要指标，其首要分析的就是森林对降水的截留率，即穿透水量。当降水进入森林进行再分配时，第一步即林冠截留。截留率（截留量占同期降水量的百分比值）主要受降水量与林冠郁闭度的影响。在郁闭度越高且降水量越少的情况下，截留率越大，甚至可达100%。在降水强度很大，或降雨持续时间很长、林冠已饱和的情况下，则截留率趋于0。其次是树干径流量，森林的树干径流量通常很小，占降水量的比值通常在5%以下，很少超过10%，在我国东部的主要针阔叶树种中，栎类的树干径流量较大。森林水文指标如表5-7和表5-8所示，不仅仅包含水量，同时也包含水质等方面因素。

表5-7 森林生态站水文基本监测指标

指标类别	观测指标	单位	观测频度	备注
水量	林内穿透雨量	毫米	每小时1次	
	树干径流量		每次降水时观测	
	坡面径流量		每日1次	
	流域径流量			

(续)

指标类别	观测指标	单位	观测频度	备注
水量	地下水位	米	每月1次（中旬）	
	枯枝落叶层含水量	毫米		
水质	水解氮、亚硝态氮、全磷、有效磷、化学需氧量（COD）、生物需氧量（BOD）、pH值、泥沙浓度	除pH值以外，其他均为毫克/立方分米或微克/立方分米	每月1次（中旬）	径流小区或流域

表5-8 森林生态站水文自选监测指标

指标类别	观测指标	单位	观测频度
水量	森林蒸散量	毫米	每月1次或每个生长季1次
水质	微量元素（硼、锰、钼、锌、铁、铜），重金属元素（镉、铅、镍、铬、硒、砷、钛）	毫克/立方米或毫克/立方分米	有本底值以后，每5年1次（逢1逢6），特殊情况需增加观测频度

5.森林群落特征指标

森林生物群落是一定地段或生境中各种生物种群所构成的集合，无论群落是一个独立单元，还是连续系列中的片段，由于群落中的生物的相互作用，森林群落都不是其组成物种的简单累加，而是一定地段上生物与环境作用的一个整体。森林生物群落具有一定的种类组成、群落结构、外貌，形成群落环境，并且不同物种间存在相互影响，同时在一定范围内具有动态特征和特定的群落边界特征。森林群落特征指标涵盖森林生物群落所有的重要指标，其包含群落结构、群落乔木层生物量和林木生长量及物候特征等参数，指标如表5-9中所列。

表5-9 森林生态站森林群落特征基本监测指标

指标类别	观测指标	单位	观测频度
森林群落结构	森林群落的年龄	年	每5年1次（逢1逢6）
	森林群落的起源		
	森林群落的平均树高	米	
	森林群落的平均胸径	厘米	
	森林群落的密度	株/公顷	
	森林群落的树种组成		每5年1次（逢1逢6）
	森林群落的动植物种类数量		
	森林群落的郁闭度		
	森林群落主林层的叶面积指数		每5年1次（逢1逢6）
	林下植被（亚乔木、灌木、草本）平均高	米	
	林下植被总盖度	%	

(续)

指标类别	观测指标	单位	观测频度
森林群落乔木层生物量和林木生长量	树高年生长量	米	每5年1次（逢1逢6）
	胸径年生长量	厘米	
	乔木层各器官（干、枝、叶、果、花、根的生物量）	千克/公顷	
	灌木层、草本层地上和地下部分生物量		
森林凋落物	林地当年凋落物量		
森林群落的养分	碳、氮、磷、钾		
群落的天然更新	包括树种、密度、数量和苗高等	株/公顷、株、厘米	
物候特征	乔灌木物候特征	年/月/日	人工实时监测
	草木物候特征		

（二）生物多样性观测指标

秦岭森林生态站对生物多样性进行监测，按照《自然保护区与国家公园生物多样性监测技术规程》（DB 53/T 391—2012）和《自然保护区建设项目生物多样性影响评价技术规范》（LY/T 2242—2014）等技术规范的要求，开展植被覆盖及土地覆被观测指标、植被观测指标、野生植物观测指标、野生动物观测指标（包括兽类、鸟类、两栖类、爬行类和鱼类）、环境要素观测指标（气象、水文和土壤）和外来入侵植物观测指标的监测，具体监测指标见表5-10至表5-15。

在对生物多样性监测前首先应对植被覆盖和土地覆被类型进行监测分析，植被覆盖主要包括植被的亚型和群系，应按照不同种属进行监测，其次应对其分布状况和面积进行监测。土地覆被同样应监测类型、分布状况及面积，两者观测频率应保持在每5年监测1次。

表5-10 植被覆盖和土地覆被

指标内容	观测指标	单位	观测频度
植被覆盖	植被亚型或群系组的类型	种	5年1次
	各植被亚型或群系组的分布状况和面积	公顷	
土地覆被	土地覆被类型	—	
	各类型的分布状况和面积	公顷	

1. 植被监测

秦岭植被关系着整个秦岭生态系统。目前由于省市两级对秦岭生态系统的持续关注，秦岭植被质量得到很大改善。最新监测结果表明，秦岭植被覆盖总体好转、生态环境质量综合指数显著提高，秦岭陕西段生态环境综合指数在2018—2019年达到最优，优良等级面积历史上首次超过 96%。植被监测主要包含群落结构监测、物种多样性监测等，群落结构监测数据主要对乔木层、灌木层、层间植物及草本层的基础数据进行监测，主要从其数量、种类、高度、盖度等方面分析其生长情况。物种多样性则是需要针对不同等级保护植物及狭域特有植物的种类、数量监测，采用 Shannon-Wiener 指数，表征体现植被系统的生物多样性高低。

表 5-11 植被监测指标

指标类别	指标内容	观测指标	单位	观测频度
群落结构	乔木层	树种及个体数量	种、株	
		郁闭度	%	
		密度	株/公顷	
		平均树高	米	
		平均胸径	厘米	
		基盖度	%	
	灌木层	种类	种	
		株数或灌丛数	株/公顷或丛/公顷	
		高度	株（丛）、米	
		盖度	%	
	层间植物	种类	株（丛）、种	
		株数或丛数	株/公顷或丛/公顷	
		攀缘、缠绕、附生、腐生或寄生的对象名称	—	
		附生高度（顶叶高度）	米	
	草本层	种类	—	
		株丛数	株/平方米或丛/平方米	
		平均高	厘米	
		盖度	%	
林木生长量		胸径年生长量	厘米	
		高度年生长量	米	
天然更新		种类	—	
		数量	株/公顷	
		高度	厘米	
物种多样性	国家级重点保护植物	种类、数量	株（丛）	
	省级保护植物	种类、数量	株（丛）	
	狭域特有植物	种类、数量	株（丛）	5年1次
	植物编目（更新）		—	
	多样性指数	Shannon-Wiener指数	—	

2. 野生植物监测

秦岭野生植物资源监测的意义和目的在于掌握秦岭地区野生植物资源的状况，了解其品种、数量及其分布。野生植物资源一直是人类赖以生存的物质基础，贯穿了人类发展史的整个过程。如何使人、生物、自然界之间建立稳定平衡的生态系统，已成为当今人类发展的迫切要求。而野生植物是人类赖以生存和发展的重要物质基础，不仅直接或间接地为人类提供食物原料、营养物质和药物，而且能够防止水土流失、调节区域气候。尤为重要的是，野生植物等生物遗传资源是我国遗传育种和生物技术研究的重要物质基础，是生物多样性的重要组成部分，是国家可持续发展的战略资源。因此，保护和发展野生植物对于促进经济和社会发展，以及改变生态环境都具有十分重要的意义。

秦岭野生植物监测指标主要包含其生境状况、种群结构、种群动态、物候观测等指标，通过上述指标观测野生植物的生长环境、生长状况以及一些干扰因素，采用5年1次的频率对其监测。通过对秦岭野生植物监测，更好地保护秦岭野生植物生长，促进生物多样性发展，更好地保护秦岭生态系统，打造人与自然的完美融合。

表5-12 野生植物监测指标

指标类别	指标内容	观测指标	单位	观测频度
生境状况	环境	地形、地貌、坡向、坡位、坡度、海拔、土壤基质、光照条件、水分状况等	—	5年1次
	群落	乔木层每木调查	株	
		灌木层，按样方分植物种调查	株	
		层间附（寄）生植物，分植物种调查	株（丛）、米	
		草本层，按样方分植物种调查	株或丛	
种群结构	种群数量	胸径、基径、高度、冠径（丛径）、枝下高、生活力等	株	
	种群年龄结构		—	
	种群密度		株/公顷	
	种群高度		米	
	种群盖度		%	
种群动态	更新状况	幼苗和幼树的株树（分实生苗和萌生苗）及平均高度、平均地径	株/公顷	
物候观测	物候期	按分布海拔每增加100米选择3~5株进行物种观测，记录发芽期、展叶期、开花期、结果期、落叶期、休眠期状况	株	根据物候期变化确定
植物资源利用	社区资源利用	乔、灌、草植物名称、采集地点、采集数量、利用部位、用途、交易方式	株、千克	每月1次
	集市资源贸易			
人为干扰状况	认为干扰	干扰方式和强度	—	1年1次

3. 野生动物监测

野生动物是生物多样性和自然生态系统的重要组成部分，是山水林田湖草生命共同体的关键。秦岭地区是我国重要的野生动物活动区域，加强秦岭野生动物资源保护，对维护我国生态安全、生物安全，促进经济社会可持续发展，推进生态文明建设具有重要意义。野生动物的生存状况同人类可持续发展息息相关，保护好野生动物及其栖息地，是我们义不容辞的责任。秦岭森林野生动物监测主要包含野生动物的种类、数量及其活动区域，旨在充分掌握秦岭森林野生动物的状况。

表 5-13 野生动物监测指标

指标类别	指标内容	观测指标	单位	观测频度
种类	物种名称、数量	指在监测样线上发现的动物物种种类和数量	种	兽类1年2次（3~5月和10~12月）；鸟类1年2次（繁殖期和越冬期）；两栖动物1年2~3次（4~10月）；爬行动物1年2次（4~10月）
种群	实体遇见数痕迹遇见数分布格局	指单位长度监测样线上发现的动物实体数量	只/千米	
		指单位长度监测样线上发现的动物痕迹数量	个/千米	
		指动物实体、粪便、足迹和各种活动痕迹在监测样线上的空间分布情况	—	
干扰状况	干扰类型干扰遇见率分布格局	指在监测样线中发现的干扰种类		
		指在监测样线上发现干扰因子的频率	次/千米	
		各种干扰因子在监测样线上的空间分布情况		

4. 环境要素监测

对生物多样性监测的同时也需关注环境要素。生存生长环境是生物多样性赖以生存的根本，也是其发展的关键因素。秦岭环境要素包括秦岭森林气象要素、水文要素及土壤要素。森林气象要素涵盖风、光、温、湿、气压、土温及降水等常规气象因子，需对这些因子进行连续性、系统性的监测。森林植被水文要素监测则是对于秦岭区域的降水以及径流进行监测，通过观测秦岭区域的降水量来分析其对生物多样性的影响。土壤监测主要集中于对土壤的营养成分、土壤含水量等方面的监测，确保森林土壤能够满足生物多样性的需求。

表 5-14 环境要素监测指标

指标类别	指标内容	观测指标	单位	观测频度
森林气象要素监测	天气现象	云量、风、雨、雪、雷电、沙尘	—	每日8：00
	风速	平均风速	米/秒	根据需要设置

(续)

指标类别	指标内容	观测指标	单位	观测频度
森林气象要素监测	风向	风向（东、南、西、北、东南、东北、西南、西北）	—	根据需要设置
	温度	最高气温、最低气温、平均气温	℃	连续观测
	湿度	相对湿度	%	根据需要设置
	土壤温度	地表、10厘米、20厘米、30厘米、40厘米处	℃	
	降水量	降水量	毫米	下雨天根据需要设置
	蒸发量	日蒸发量		根据需要设置
	日照时数		小时	
	太阳辐射	总辐射量	瓦/平方米	
森林植被水文要素监测	降雨	降雨时间	时、分	每次降雨后
		林内降水量	毫米	
		林外降水量		
	径流	树干径流量		每次降雨后（径流终止时）
		集水区径流量		连续观测
森林植被土壤要素监测	物理性状	含水率、容重、毛管孔隙度、非毛管孔隙度	%、克/立方厘米	5年1次
	土壤养分	pH值、全氮、有效氮、全磷、有效磷、全钾、有效钾、有机质	克/千克	

5. 外来入侵植物监测

秦岭森林地区生态环境优越，非常适宜各种植物的生长。因此，在对秦岭森林生态系统进行监测时，必须全面监控外来入侵植物。首先，必须对外来入侵植物的生存环境进行监测，包括其生长所处的地形地貌、光照、水分条件等，其次，要对外来入侵植物的生长状况进行监测，包括其密度、生长状况及面积等因素。此外，作为外来入侵植物，还必须监测其对本土植物的生长影响。因此，可对群落结构进行监测。对于外来入侵植物监测的最终目的是降低其影响，建立有效的防治措施。因此，应结合其繁殖方式、扩散方式及适宜性对外来入侵植物进行全面的监管监控。

表5-15 外来入侵植物监测指标

指标类别	指标内容	观测指标	单位	观测频度
生境特征	生境基本情况	地形地貌、坡向、坡位、坡度、海拔、土壤质地、光照条件、水分状况、干扰程度等		1年1次

（续）

指标类别	指标内容	观测指标	单位	观测频度
入侵物种	物种名称	科、属、种学名，中文名，俗名		
	分布地点	地理坐标、具体地名		
	入侵面积	入侵区域面积	平方米	
	生长状况	平均树高、平均胸径	米、厘米	
	密度	入侵植物为乔木或大灌木时	株/100平方米	
	盖度	入侵植物为草木时	%	
	入侵途径	自然、人为（有意引进、人类活动、交通运输、旅游）		
对群落结构的影响	乔木层	树种及入侵物种组成、个体数量、平均树高、平均胸径、郁闭度和下层灌木、地被物情况	株、米、厘米、%	
	灌木层	灌木及入侵植物种类、数量、平均高、生长情况、郁闭度和地被物情况	株、米	
	草本层	草本及入侵植物种类、平均高、盖度、生长状况、分布情况等	株（丛）、%	
扩散性	繁殖方式	有性繁殖、无性繁殖、扩散速度	平方米/年	
	扩散方式	风、鸟兽、水、人、其他	天、年	
	适宜性	适合外来物种生长和繁殖的土壤面积	公顷	
防治措施		无、清除、药物防治、天敌		

（三）森林生态系统连清体系研究内容

森林生态连清体系是我国在国内外多年研究的基础之上，紧密结合中国国情和林情，专门设计的森林生态服务体系，并成立了森林生态站，评估一定时期内森林生态系统服务及动态功能变化。森林生态站利用森林生态连清体系进行生态服务核算，描述我国森林生态服务的动态变化，为进一步完善森林生态环境动态评估、监测和预警体系提供了科学依据。

森林生态站主要从事森林生态系统研究，包括森林生态系统水量平衡、植被演替、森林生态系统服务功能等方面。它的建设填补了我国森林生态系统定位研究上数据收集的空缺，极大地丰富与完善了中国森林生态系统定位研究网络，为森林生态功能区建设提供区域生态因子监测、研究支撑（冯丽梅，2020）。秦岭森林生态站的研究内容主要包含森林水文要素观测研究、森林土壤要素观测研究、森林生物要素观测研究、森林气象观测研究和森林生态系统生态服务功能研究（图5-1）。

图 5-1 秦岭森林生态站研究内容

1. 森林水文要素观测研究

森林具有高的土壤水分渗透能力及独特的生态系统结构与水文过程。森林水文调节功能在调节气候、涵养水源、净化水质、保持水土等方面发挥了巨大功能，是森林和水相互作用后产生的综合功能的体现（曹云等，2006）。

森林水文要素观测研究主要是对森林水文过程和生态学过程的尺度效应和耦合机制，其目的在于探索植被对于水量和水质的影响动态过程及其发生发展规律，揭示植被净化水质和调节水量的主要机理及方式，森林水文要素观测主要监测参数包括森林蒸散量、水量空间分配与水质等。

2. 森林土壤要素观测研究

森林土壤要素观测研究对象主要是森林土壤微生物群落及其多样性在森林生态系统养分循环中的作用；森林生态系统碳储量及年际动态变化，对典型森林生态系统土壤碳固持潜力及土壤各分室碳通量及贡献进行精确、系统地评价；研究不同森林类型土壤理化性质的动态变化及其化学计量特征，以及森林对土壤养分含量的影响。

森林土壤要素长期观测是在不同的空间尺度下，长期观测土壤结构、功能和重要生态学过程的变化，分析土壤重要物质循环、能量流动和信息传递过程的演变机制，分析人为和环境因子对土壤结构和功能演变的驱动作用，提出土壤可持续利用和管理的策略和措施，为区域和国家尺度的生态系统管理、生态环境保护、资源合理利用及社会经济的可持续发展提供长期的、系统的科学数据与决策依据。

3. 森林生物要素观测研究

森林生物要素观测是生态系统监测与研究的主体和核心。

森林生物要素观测研究主要是森林生物多样性在时间和空间上的动态变化及其影响因子，并结合物种功能性状数据，了解植物功能多样性与生态系统主要过程和功能的相关性及其主要影响因素和调控因子，分析与生态系统功能相关的植物功能性状的变化规律，掌握主要森林类型生物多样性动态变化规律和空间分布，识别影响特定生态系统功能的主要功能性状，基于植物内的多样性评价生态系统功能。

4. 森林气象要素观测研究

森林气候可分为冠层气象学和森林小气候两个部分。冠层气象学研究森林林冠内的大气物理过程。林冠是森林的主要作用面，林冠通过光合作用制造有机物质。它的结构（包括叶面积指数、叶角、叶形、叶和枝干的分布等几何结构和叶的光学性质等）直接影响着森林中的物质流和能量流。森林气象学中的三大平衡（能量、水量和动量）问题均集中在林冠层中。

森林气象要素观测研究主要是研究森林的小气候效应以及森林对温室气体排放的调节作用。森林小气候研究森林内的温、湿、光、水、风和空气成分的特征及其形成的机制。研究范围一般涉及林冠层以下的林中空间以及林地土壤。森林小气候观测的目的是了解不同森林类型的小气候差异或森林对小气候的影响，通过对森林生态系统典型区域不同层次风、温、光、湿、气压、降水、土温等气象因子进行长期连续观测，了解林内气候因子梯度分布特征及不同森林植被类型的小气候差异，揭示各种类型小气候的形成特征及变化规律，为研究下垫面的小气候效应及其对森林生态系统的影响提供数据支持。将森林小气候与森林消长、群落动态变化同步观测，便于研究外界环境与森林群落或整个生态系统演替之间的相互关系、森林植被生长的物候潜力，为林业区划、森林资源利用和保护、林木生长乃至森林在区域和全球气候、环境变化中的作用提供科学依据。

5. 森林生态系统的生态服务功能研究

森林生态系统服务功能是生态系统服务与生态系统功能的综合，是生态系统及其生态过程所形成及所维持的人类赖以生存的自然环境条件与效用。生态系统服务功能价值量化体现了生态系统服务功能给予人类生存和发展所必需的生态产品及其生命系统支持的功能。森林在调节生物圈、大气圈、水圈、地圈动态平衡中具有重要作用，主要包括涵养水源、保育土壤、固碳释氧、林木养分固持、净化大气环境等，这些服务功能对改善生态环境、维持生态平衡至关重要（唐佳和方江平，2010）。森林生态系统的生态服务功能主要研究并评估森林生态系统提供的支持服务、调节服务、文化服务和供给服务以及对人类福祉的影响，具体研究指标如图 5-2 所示。

图 5-2　秦岭森林生态系统服务功能测算评估指标体系

二、秦岭森林生态系统碳汇监测研究进展

(一) 总体思路

为深入了解秦岭森林生态系统多尺度碳—水耦合的关键生物物理和生物化学过程，厘清秦岭生态系统固碳现状、趋势、潜力与机制及其对环境变化（如气温升高、氮沉降）的响应，精确评估区域尺度的碳源汇空间格局与强度，揭示未来全球变化对秦岭生态系统碳库的影响，这对于实现"双碳"目标，指导政府决策者制定气候应对策略和评估现有措施的有效性，辅助决策未来森林经营与管理等具有重要意义。依托陕西省秦岭智能化监测与保护重点实验室、秦岭生态经济发展软科学基地等平台，西北工业大学生态环境学院本着"边建设、

边研究、边服务"的原则，筹备建设秦岭生态碳汇监测与研究平台，按照一站、两址、十样点的总体布局（图5-3），在陕西省宁陕县皇冠镇建设一个核心生态系统野外观测定位站，设置包括1个25公顷的核心监测样地、海拔梯度样地、动物取食围栏控制实验、森林塔吊样地等；两址是指位于秦岭南北坡的宁陕县皇冠镇、周至县楼观台实验林场两个集中研究区，其中楼观台实验林场开展的实验包括模拟林冠氮沉降平台、森林经营管理平台、模拟土壤增温平台及人工岩石增强风化试验平台等；十样点是指拟安装碳通量塔的十个代表性区域。

图5-3　秦岭生态碳汇监测与研究总体布局

（二）代表性监测研究平台及进展

1. 模拟冠层氮沉降平台

我国已成为继欧洲、美洲后的第三大氮沉降区域，人为导致的氮输入增加将会带来生物多样性丧失、土质酸化、生态系统生产力和稳定性降低等一系列生态问题，是近几十年全球变化的研究热点之一，并成为国家生态文明建设中亟待厘清和解决的热点问题（Lu et al., 2019）。森林作为陆地生态系统的主体，其结构复杂的林冠层是大气氮沉降的直接承受者，因缺乏将氮肥喷施到冠层上方的有效手段，已开展的森林模拟氮沉降试验多为林下施氮方式，忽略了自然氮沉降过程中林冠层对氮素的吸附、吸收、转化和截留等重要过程，无法评估氮沉降对冠层生物多样性的影响，亦会高估氮沉降对林下植被系统和土壤状况的影响，导致森林生态系统对大气氮沉降响应和适应机制的研究可能存在较大的不确定性。为了更加经济、快捷、准确地在天然林中模拟冠层氮沉降过程，我们研发了一种基于无人机的模拟森林冠层氮沉降方法（图5-4），基本原理是利用大疆T40农业无人机执行喷洒任务，并通过测绘无人机拍摄的样地航测照片、通过大疆智图软件重建的样地高清二维地图、通过RTK (Real-time kinematic) 测量的准确样地四至位置坐标为基础，依据具体研究目标和任务，自由、灵活、个性化地构建喷施任务，并导入T40智能遥控器，定期执行飞行任务，使T40

农业无人机在林业样地林冠层上方仿地飞行，均匀、准确地把不同浓度的氮溶液喷洒到冠层上方，完整模拟自然氮沉降过程。

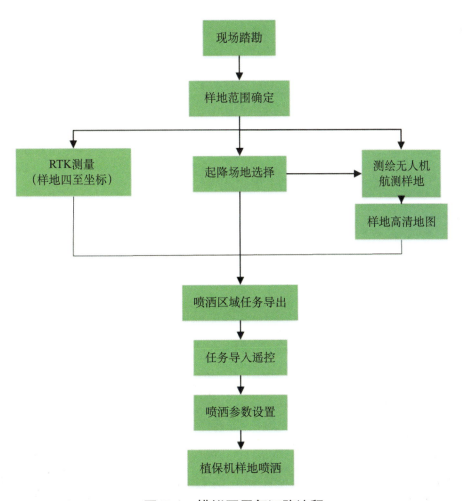

图 5-4　模拟冠层氮沉降流程

研究团队的试验地点位于陕西省楼观台国有生态实验林场，处于秦岭北坡中段的陕西省周至县境内，总面积 5.47 万公顷，地势南高北低，海拔 507～2997 米，年平均气温 12.3℃。由于该区域属于中纬度内陆地区，气候的垂直变化明显，属于暖温带半湿润气候，年平均气温 7.4℃，年平均降水量 600～1100 毫米。降水量随海拔增加而增加，且月降水量差异显著。由于受地形中海拔的影响，植被的垂直分布特征明显，海拔 <2000 米为中、低山典型落叶阔叶林带，海拔 2000～2400 米为中山落叶阔叶林带，海拔 >2400 米为亚高山针叶林带（李成等，2015）。

考虑到起飞条件便利性，试验地点位于楼观台林场中西楼观道院附近（东经 108.91°～108.95°、北纬 34.23°～34.30°），于 2022 年 7 月开始建设选址，首先使用大疆 M300 获取研究区的正射影像图，初步确定拟建样方的大致布局，再使用千寻 RTK 便携式终端确定每一个 30 米 ×30 米样方的边界位置和海拔，并进一步将其划分为 36 个 5 米 ×5 米小样方，精度为 0.01 米，共设置了 21 个 30 米 ×30 米样方，总面积为 1.8 公顷，样方间隔不少 10 米。参照中国森林生物多样性监测网络（CForBio）和热带森林科学中心（Center for Tropical Forest Science，CTFS）的调查规范，对每个 30 米 ×30 米内的 36 个 5 米 ×5 米小样方进行调查，标定样方内所有胸径（DBH）≥ 1 厘米的木本植物个体，调查植物个体的物种名称、胸径、坐标位置。21 个样方平均海拔为介于 559 ~ 706 米，平均海拔 642 米，最大高差 147 米。

参照西安市氮沉降背景值［25.8 克氮/（平方米·公顷）］，分别设置冠层施氮（低、中、高 3 种处理）、林下施氮（低、中、高 3 种处理）和对照样地，每种处理水平设置 3 个重复。其中低、中、高 3 种模式分别喷施 1 倍氮沉降量［25 千克氮/（公顷·年）］、2 倍氮沉降量［50 千克氮/（公顷·年）］和 3 倍氮沉降量［75 千克氮/（公顷·年）］。对每个施氮处理的样方施加尿素，喷施时间为每年的生长季（5 ~ 9 月），施氮频率为每月一次。每次冠层施氮操作时，将每个样方所施的尿素量完全溶解于 25 升水中（水源来自样地周边地表水），参考"一种基于无人机的模拟森林冠层氮沉降方法"专利信息（202310210187.7），结合 RTK 所获取的每个样方边界信息，使用大疆农业植保无人机（T40）规划航线，均匀将氮素溶液喷洒在林冠上层 10 米处，对照样地则喷洒同体积的水，以保持水分增加量的一致性（图 5-5）。对于林下施氮处理，使用喷雾器将 25 升的氮素溶液均匀喷洒到样地表面。

第①步：使用RTK确定样方边界　　第②步：向无人机添加配置的氮素溶液　　第③步：无人机起飞到指定样方　　第④步：无人机执行冠层喷施任务

图 5-5　利用大疆 T40 进行冠层施氮实例

基于此平台，使用同位素示踪技术量化冠层模拟氮输入在森林内的去向和垂直分布特征，系统分析对照、低和高施氮量对森林冠层生物多样性、木本植物、草本植物和土壤微生物群落的影响，揭示森林不同生物群落对氮沉降响应速度和敏感性的差异；分析木本植物冠层叶片光合固碳功能及用水效率的调节作用，以期明确氮沉降诱导木本植物叶片气孔形态变异的化学信号和水力信号驱动机制，揭示氮沉降导致植物光合固碳功能发生改变的气孔过程和非气孔过程影响机理。在此基础上，引入稳定碳、氧同位素表征技术，进一步阐明氮沉降影响森林木本植物水分利用效率的气孔行为和光合行为独立响应途径与机制；结合树木生长环境监测数据，对比分析不同树种（如外生、内生菌根）生长速度对氮沉降响应速度的差异性，阐明个体生长的异步性及种群稳定性随施氮水平的变化规律；在此基础上，探讨森林生物多样性保育能力、群落生产力、土壤碳汇、土壤养分固持能力、水源涵养能力和森林净化滞尘能力等不同功能间协同—权衡关系随施氮量的变化趋势，揭示温带典型森林结构和功能对氮沉降的响应与适应的过程机制，旨在为大气氮沉降生态效应整体评估和精准评价提供一定理论基础，进而为制定天然林管理政策及生态风险管理方案提供科学依据。

2. 人工增强岩石风化试验平台

陆地生态系统具有巨大的碳汇能力，巩固和提升其碳汇功能是实现"双碳"目标的重要途径之一。过去几十年，科学家已经发展和系统总结了众多行之有效的生态增汇措施（于贵瑞等，2022），如造林再造林和退耕还林等（表5-16），同时还积极推动新型生物/生态碳捕集、利用与封存技术（Bio-CCUS/Eco-CCUS）的开发应用。其中，增强岩石风化措施被认为是从大气中封存二氧化碳的有效手段之一，通过人工措施将来自矿场的边角余料破碎成粉末状，添加到土壤表层，可以大大加速岩石的风化的进程，在分化过程中不但可以吸收空气中二氧化碳，将其以无机碳（碳酸钙等）的形式固存在土壤中，还可以释放土壤养分元素（图5-6），提高肥力，改良土壤结构，提高植物产量和抗逆性，实现"岩石变肥，固碳增汇"的效果，其固碳效果已在农田生态系统中得到初步证实。例如，有研究人员尝试通过向农田中施撒研磨后的硅酸盐岩石，以吸收空气中的二氧化碳，结果显示人工增强岩石风化措施确实有助于清除大气中过量的二氧化碳，促进土壤无机碳的积累，并提高农作物的产量和抗逆性（Hilton，2023）。

表5-16 人为管理措施对森林生态系统碳汇效应的影响及其定性评价

技术措施	碳汇效应	技术成熟度	环境适应性	社会适应性	当前应用规模	固碳效应评价难度	综合评估指数	IPCC是否承认（是否）
造林再造林	***	***	**	**	***	*	***	是
退耕还林	**	***	***	**	**	*	***	是
天然林保护	**	***	***	**	**	*	***	否
森林抚育	**	**	**	**	*	**	**	否
森林间伐	**	**	**	**	*	***	**	否
人工林天然化	**	**	**	*	*	***	**	否
速生丰产林建植	*	**	**	**	*	**	**	否
林分优化/改造措施	*	*	*	*	*	***	*	否

注：碳汇效应，指管理措施实施后的固碳速率；技术成熟度，指管理措施在技术上是否成熟；环境适应性，指管理措施是否对环境具有较高适应性；社会适应性，指从社会法规、公众行为和经济角度考虑管理措施是否适合推广；当前应用规模，指管理措施在我国各类生态系统中的应用或推广情况；固碳效应评价难度，指从现有技术水平准确地评估其碳汇效应的难度；综合评估指数，指根据前6项评价指标对管理措施碳汇效应的综合评估（即是否提倡）；IPCC承认度，指该项管理措施是否能在目前联合国政府间气候变化专门委员会（IPCC）清单编制中使用；各项管理措施碳汇效应的定性评价分为3级，针对每类生态系统的管理措施分别赋值，并用星号数量表示优劣度；其中，除评估难度外，星号越多则表明该管理措施具有更强的碳汇效应或更适合推广。

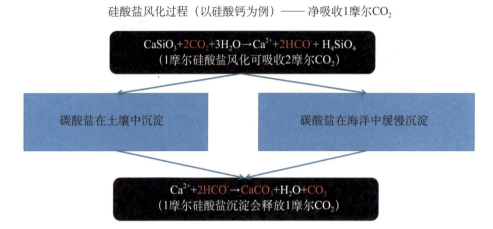

图 5-6　岩石化学风化过程促进土壤无机碳固持的机制

事实上，硅酸盐的风化过程不仅会影响无机碳的吸收过程，还可能通过影响植物和微生物，进而影响土壤有机碳的固持（Vicca et al., 2021）。然而，目前的相关研究还集中在认识层面，主要通过对现有研究的归纳总结，推测出硅酸盐风化对土壤有机碳及碳稳定性的潜在影响。总体来说，目前相关研究的内容和发展趋势可归纳为：①增强岩石风化对土壤无机碳的影响；②增强岩石风化对土壤有机碳的影响；③增强岩石风化对土壤二氧化碳通量的影响；④增强岩石风化对植硅体碳的潜在影响。

目前，与之相关的森林野外原位实验研究刚刚起步，亟待科学评估该措施实施的碳汇效应、可持续性、空间适用性。目前，人工林约占我国森林面积的1/3，规模居世界之首，是中国乃至世界森林碳储量增加的主要贡献者。因此，科学合理地经营和管理人工林对于提升生态碳汇作用意义重大（方精云等，2001）。油松是我国的特有树种，具有很强的抗寒、抗旱能力，是我国北方地区主要造林树种之一，广泛分布于我国北方山地。

我们以秦岭北麓油松人工林为研究对象，通过添加硅灰石粉末模拟增强岩石风化措施，设置对照（0）、低（0.5千克/平方米）和高（1千克/平方米）3种添加梯度（图5-7）。每个处理有3个平行样方，样方大小为20米×20米，通过对比不同林层植物的生长速率，明确增强岩石风化措施对森林乔木、灌木和草本植物碳固持的相对影响；深入解析硅灰石添加对不同土壤碳组分及碳稳定性的作用，揭示岩石风化释放的硅、钙、铁、锰等矿质元素对土壤固碳及其稳定性的调控机制，完善生态系统循环及固碳、保碳技术原理的理论认知；在此基础上，通过分析土壤呼吸的季节和年际动态变化，从土壤呼吸时间变异性的视角，阐明硅灰石添加对森林碳汇功能的稳定性和可持续性，以及评估人工林生态系统对该人为措施的敏感性和适应性，旨在理解人工增强岩石风化措施对温带森林生态系统保碳、增汇、封存等功能的影响及潜在调控机制，为人工林的碳汇管理提供科学依据和数据支撑。

图 5-7　油松林添加硅灰石后效果（上、中和下图分别是对照、低和高添加量）

3. 秦岭碳通量监测网布局

根据秦岭植被的地理分布特征，结合生态区划成果，首期选取太白山、楼观台、佛坪、皇冠和牛背梁 5 个观测站点（图 5-8），创建了秦岭陆地生态系统通量观测研究网络，以生态系统碳—水耦合循环和碳氮水通量计量平衡观测为核心研究内容，揭示不同生态系统冠层—大气、土壤—大气和根系—大气界面碳氮水通量计量平衡关系及其时间变异的生物控制机制和地理空间格局，实现通量观测网络与全球变化陆地样带整合的设计理念。

太白山站点位于秦岭西部太白山国家级自然保护区，地处宝鸡市的太白县、眉县和西安市周至县三县交界处。地理坐标在东经 107°22′25″ ～ 107°51′30″ 和北纬 33°49′30″ ～ 34°05′35″ 之间，总面积 56325 公顷。1986 年 7 月经国务院批准为国家级自然保护区，1995 年加入了世界人与生物圈"中国生物圈保护网络"，是以保护暖温带山地森林生态系统和自然历史遗迹为主的综合性保护区。该地区 7 ～ 9 月降水量较多，约占全年降水量的 50%，有利于植物生长，属典型的内陆季风气候区。太白山保护区植被垂直带谱十分明显（图 5-9），北坡自下而上依次为落叶栎林带、桦木林带、针叶林带、高山灌丛草甸带 4 个植被带谱 7 个亚林带，堪称"活的教科书""天然植物园"。

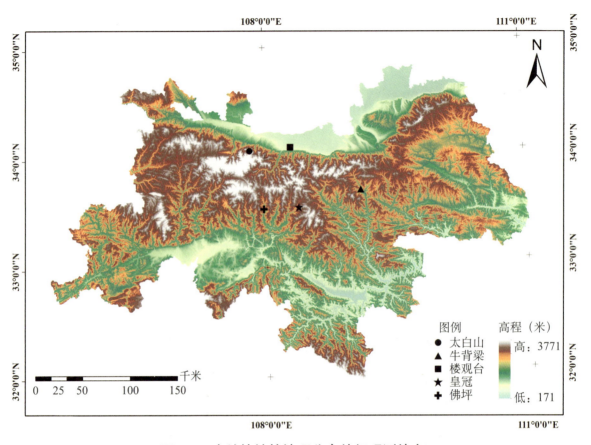

图 5-8 秦岭植被的地理分布特征观测站点

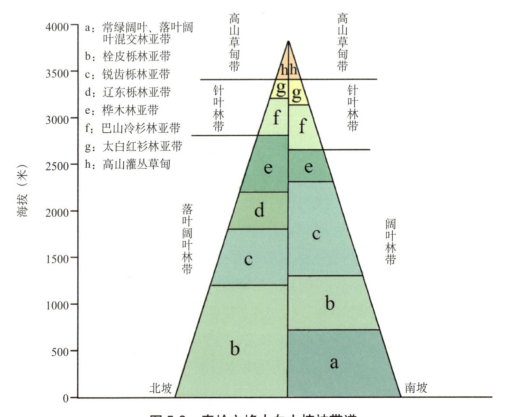

图 5-9 秦岭主峰太白山植被带谱

楼观台站点位于秦岭北坡中段，位于西安市周至县境内，东距西安70千米。地理坐标介于东经108°12′00″～108°27′47″和北纬33°47′11″～34°05′12″之间，南北长约31千米，东西宽约23千米。海拔在501～2996米之间，林场成图总面积37163公顷，林业用地面积3639公顷。地处暖温带半湿润气候区，区内年平均气温8～10℃，气温随海拔高度的升高，分别表现为暖温带、温带、寒温带3个垂直气候带（李成等，2015）。植物种类繁多，植物区系以华北植物区系成分为主，含少量华中植物区系成分。林场境内目前已鉴定的植物约1400种共78科197属，其中木本植物78科197属480种，草本植物62科304属564种，竹类156种，花卉300余种，有"天然植物园"之称。其中，国家重点保护的珍稀濒危植物有31种，占陕西省保护植物的47%。区内植被随海拔高度变化演替，依次出现次生灌丛、落叶阔叶林、针阔叶混交林、温性针叶林、寒温性针叶林、亚高山灌丛与草甸等植被类型（图5-10）。

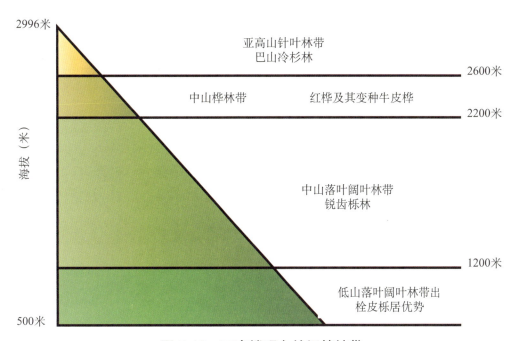

图 5-10　西安楼观台林场植被带

佛坪站点位于陕西省佛坪国家级自然保护区，地理坐标为东经107°41′～107°55′、北纬33°33′～33°46′，该保护区是以保护大熊猫、羚牛等珍稀动物和森林生态系统为主的国家级综合自然保护区，居于秦岭自然保护区群的中心位置。该区全年平均气温为11～13℃，7月均温为27℃，1月均温为-2℃，无霜期225天，年降水量938～1129.60毫米，降水集中在7～9月。本地区处于亚热带向暖温带过渡地区，植被区系成分丰富，主要以森林为主，表现出明显的植被垂直分布格局，自下而上依次为落叶阔叶林带（栎林带，海拔1020～2000米）、中山小叶林带（桦木林带，海拔2000～2500米）、亚高山针叶林带（巴山冷杉林带，海拔250～2904米），海拔2600米以上分布有小面积的斑块状亚高山灌丛和草甸。林下广布巴山木竹和华桔竹等。

宁陕皇冠站点位于长青自然保护区，地处秦岭中段南坡，属于北亚热带与暖温带的交错过渡地区，总面积1237公顷，海拔880～2340米。保护区的北边有秦岭主峰太白山天然屏障，有效地阻挡了北方寒流的入侵；南边暖湿气流沿汉江河谷直达中高山地带，形成大陆性季风气候，季节性变化明显，全年具有雨热同季、温暖湿润、雨量充沛及区内气候及植被的垂直地带性明显等特点。依据海拔从800～3071米的逐步增高，气温聚降，降水量猛增，年平均气温在14.6～1.8℃，年平均降水量在813.9～1044毫米变化。900米以下为亚热带气候；900～1400米为暖温带气候；1400～2300米为温带气候；2300米以上为寒温带气候。区内地形复杂，小气候差异较为明显。沿山逆上，"十里不同天，一山有四季"。

牛背梁站点位于陕西牛背梁国家级自然保护区，位于秦岭山脉中段、终南山顶部区域，横跨秦岭主脊南北坡，地处柞水、宁陕、长安三县（区）交会区域，属暖温带半湿润季风气候，具有垂直差异明显的山地气候特征，年平均气温2～10℃，年降水量850～950毫米，无霜期130天左右。夏季温凉湿润，冬季寒冷干燥。沿秦岭主脊呈东西狭长分布，东西长28千米，南北宽15千米。海拔1100～2877米，总面积16418公顷，是"秦岭自然保护区群"的重要组成部分、秦岭中段生物多样性最为丰富的地区，是羚牛秦岭亚种的模式产地，在"中国生物多样性保护行动计划"中被确定为40个最优先的生物多样性保护地区之一，蕴藏着众多的珍稀动植物资源，是物种遗传的基因库，有种子植物1011种，保护植物11种，兽类68种，鸟类123种，两栖类7种，爬行类20种。对秦岭而言，牛背梁国家级自然保护区具有一定的典型性及代表性，被誉为"终南山的封面""大秦岭的名片"，具有很高的保护和科学研究价值。沿海拔梯度植被可划分为5个垂直带谱：中低山落叶阔叶林带，海拔1000～2000米；中山落叶阔叶小叶林带，海拔2000～2500米；亚高山寒温性针叶林带，海拔2500～2600米；亚高山灌丛带，海拔2600～2800米；亚高山草甸植被带，海拔2800～2900米。

（三）科学目标及预期成果

秦岭生态系统碳汇监测平台将从森林碳汇资源和森林全口径碳汇入手，以碳汇监测为牵引（图5-11），秉承"五库"统筹理念，建立横向互联、纵向互通的新型秦岭生态碳汇监测与研究体系。在林分尺度上，建立全要素碳组分监测样地，精准量化秦岭碳汇格局并探究其主导的生物要素；在生态系统尺度上，使用涡度相关法探究碳氮水通量，构建通量检测网络，揭示温带森林生态系统碳汇维持机制；在秦岭全域尺度，基于无人机和遥感影像手段探究秦岭碳汇的格局、质量和碳汇潜力，科学估算碳汇分异规律及未来增汇潜力，实现"多功能联合、多尺度拟合、多目标融合"的生态碳汇核算目标，为稳健推进"美丽中国"和"双碳"目标的国家战略需求提供科技支撑。

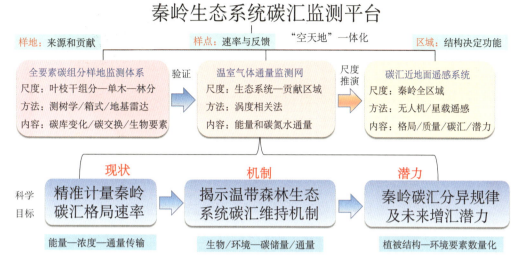

图 5-11 秦岭生态系统碳汇监测内容

秦岭生态系统碳汇监测内容基于上述搭建的平台及研究布局，拟达到以下成果：①科学核算摸清秦岭碳汇家底，建立底数清、数据准、覆盖全的绿色碳汇清单；②揭示秦岭典型区域关键碳—水过程及其驱动机制；③厘清秦岭植被与土壤未来固碳潜力及主要增汇路径；④建设集科学研究、科普教育、实习实践为一体的融合式平台基地。

三、秦岭森林生态系统生物多样性监测研究进展

（一）皇冠 25 公顷生物多样性监测平台

1. 样地建设

鉴于生态过渡区对环境变化的敏感性与特殊性，西北工业大学生态环境学院于 2019 年在陕西省皇冠山长青国家级自然保护区内建立 25 公顷（500 米 ×500 米）森林动态监测样地（何春梅等，2021）。命名为秦岭皇冠暖温性落叶阔叶林 25 公顷森林样地（简称秦岭皇冠样地），地理坐标为东经 108°22′26″、北纬 33°32′21″。并以此为研究平台，开展种子雨散布、幼苗更新与成株动态变化、大型动物监测、森林生态系统碳汇功能的立体监测和动态评估等相关研究，旨在揭示暖温带—北亚热带过渡区森林群落构建、物种共存和生物多样性维持的潜在机制，该样地也是对我国森林生物多样性监测网络的有益补充。

秦岭皇冠样地于 2019 年 5 月开始建设，2019 年 9 月完成第一次群落调查。样地建设和群落调查参照中国森林生物多样性监测网络（CForBio）和（Center for Tropical Forest Science，CTFS）的技术规范，使用全站仪把样地分成 625 个 20 米 ×20 米的样方，每个样方又分成 16 个 5 米 ×5 米小样方。标定样方内所有胸径（DBH）≥ 1 厘米的木本植物个体，调查植物个体的物种名称、胸径、坐标位置。样地海拔 1280.3 ~ 1581.8 米，平均海拔 1414.2 米，最大高差 301.5 米。样地地势陡峭，为目前国内高差最大的样地（图 5-12）。

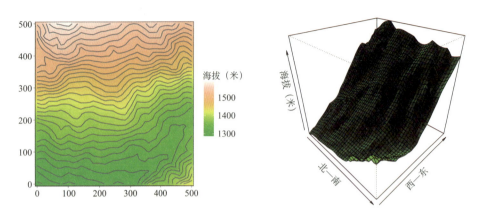

图 5-12　秦岭皇冠样地等高线图和地形

2. 监测方法和指标

(1) 物种组成。样地共有 75139 个胸径（*DBH*）≥ 1 厘米的独立木本植物个体（包括分枝的个体数 95679），分属于 44 科 83 属 121 种，其中裸子植物 4 科 5 属 6 种，被子植物 40 科 78 属 115 种。按生长型划分，乔木 66 种，灌木 54 种，藤本 1 种。

(2) 土壤理化性质的监测。把固定样地划分成 30 米 ×30 米的网格，网格的顶点作为采样基点，从距离基点 2 米、5 米、15 米处随机选择两处作为延伸采样点（图 5-13），取样深度为 0～10 厘米，共 972 个样点。除去无法采集的点，实际采集 957 个样品。土壤取样后，按照标准分析方法进行分析，共测得 23 个土壤指标。其中，基础理化（8 个）：pH 值、有机质、有效氮、有效磷、有效钾、全氮、全磷、全钾；微量元素（15 个）：硫、铁、钙、镁、钠、铝、硼、钴、铜、锰、钼、镍、硅、硒、锌。

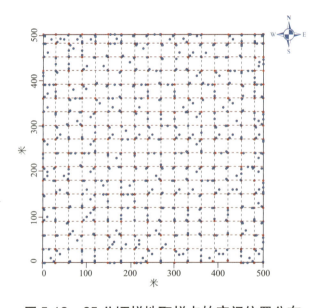

图 5-13　25 公顷样地取样点的空间位置分布

注：虚线表示 30 米 ×30 米样方边界；红色表示采样基点，蓝色表示延伸取样点。

(3）种子雨监测。采用种子雨收集器，对样地内不同生境的种子时空动态进行监测。根据样地实际情况，确定种子雨收集器的布设数量，通常沿步道和生境设置。种子雨收集器由PVC管和玻璃纤维网组成，离地1米，收集框面积为0.56平方米（0.75米×0.75米）。种子雨的监测频率为每月1次或每月2次，1天内收完。将收集物分类，每个类别识别到种，计数并称重。样地总共布设种子雨收集器140个（图5-14）。

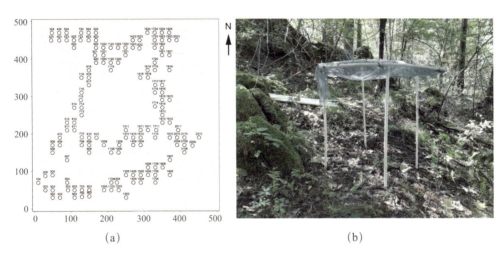

图5-14　种子收集器在皇冠25公顷样地中的空间位置分布

注：(a)种子雨收集器分布；(b)种子雨收集器。

（4）幼苗监测。在每个种子雨收集器东、南、西三个方向2米处，分别设置1米×1米的小样方，用以监测样地内的幼苗，具体布设如图5-15所示，样地共布设幼苗样方423个。对幼苗进行物种鉴别、挂牌和定位。

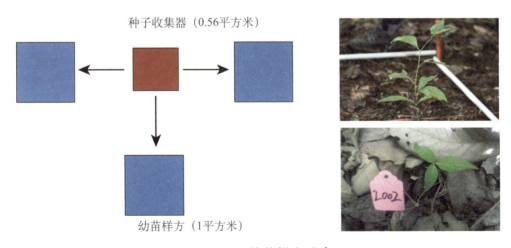

图5-15　幼苗样方分布

（5）动物监测。根据样地网格内生境的特点，在预设位点周边寻找合适的地点安装相机，观测动物活动，样地共安装红外相机30台（图5-16）。

图 5-16 红外相机布设

(6) 背包激光雷达观测。利用 LiBackpack DGC50 背包激光雷达扫描系统获取了样地的点云数据（图 5-17）。点云数据的预处理包括去噪、滤波、生成 DEM、点云归一化。基于归一化的点云数据进行单木分割。与样地基础数据进行匹配，从而得到样地胸径大于 5 厘米的树的具体信息，如胸径、树高、冠幅直径、冠幅面积和冠幅体积。

图 5-17 背包激光雷达数据采集

（二）秦岭北麓栓皮栎典型天然次生林样地

1. 样地建设

秦岭北麓栓皮栎典型天然次生林样地位于楼观台林场中西楼观道院附近（东经 108°27′ ~ 108°28′、北纬 34°05′ ~ 34°06′）。于 2022 年 7 月开始建设，2022 年 9 月完成第一次群落调查。共设置了 20 个 30 米 × 30 米样方，总面积为 1.8 公顷，样方间隔不少于 10 米，每个大样方划分为 36 个 5 米 × 5 米小样方，精度为 0.01 米。参照中国森林生物多样性监测网络（CForBio）和（Center for Tropical Forest Science，CTFS）的技术规范，对每个

5米×5米小样方进行调查，标定样方内所有胸径（DBH）≥1厘米的木本植物个体，调查物种名称、胸径、坐标位置。20个大样方海拔为559～706米，平均海拔642米（图5-18）。

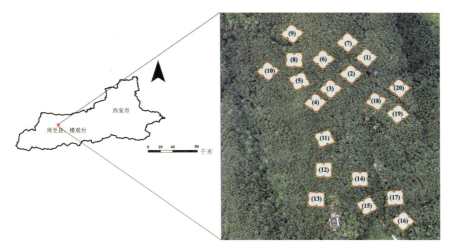

图 5-18　秦岭楼观台栓皮栎天然次生林的地理位置和空间分布

2. 物种组成和区系成分

对样地内的木本植物物种、科属地理成分进行统计分析，其中重要值（IV）=（相对密度+相对频度+相对优势度）/3×100%。相对密度=某个物种的个体数/全部物种的个体数；相对频度=某个物种在所有样方内出现的次数/所有物种出现的总次数。相对优势度=某个物种的胸高断面积之和/所有物种的胸高断面积之和。其中，相对密度和相对频度的计算未把分枝包含在内，相对频度采用的样方单位面积为30米×30米，而分枝的胸高断面积包含在相对优势度的计算中。群落物种多度累计分布曲线以30米×30米的样方为单位。根据稀有种和偶见种的定义，每公顷小于等于1株的物种定义为稀有种，每公顷个体数在1～10株之间的种定义为偶见种。

样地内共有3162株（DBH）≥1厘米的独立木本植物个体，包括具有分支的个体数为512株，包括死亡个体数51株。隶属于25科36属42种，其中被子植物23科33属39种，裸子植物2科3属3种。按生活型划分，乔木24种，灌木17种，藤本1种。从科的分布水平来看，桑科植物最丰富，共有4属5种；漆树科次之，共4属4种；柏科3属2种；壳斗科2属2种。由表5-17可以看出，从个体数量上看，超过100株个体数的物种有5种，其中栓皮栎个体数为2143，5个物种的个体数占样地总个体数的87.1%。此外，有13个物种个体数为10～70；有24个物种个体数小于10。样地内优势树种明显，重要值前3名的树种为栓皮栎、油松、槲栎，其重要值之和为64.7%。样地内有19个树种为偶见种，占总数的45.2%；7个树种为稀有种，占总数的16.7%，有蒙桑、山杨、榔榆、中国黄花柳和女贞等。随着样方数的增加，所包含的树种丰富度先是快速增加，之后趋近平缓，在样方数为15时，涵盖群落中的物种94.7%的物种（图5-19）。

表 5-17　秦岭楼观台栓皮栎天然次生林物种组成

物种	个体数	平均胸径（厘米）	最大胸径（厘米）	胸高断面积（平方米/公顷）	重要值（%）
栓皮栎Quercus variabilis	2143	13.65	51.85	19.50	53.17
油松Pinus tabuliformis	137	15.8	33.30	1.55	6.06
槲栎Quercus aliena	177	12.23	43.30	1.18	5.51
粉背黄栌Cotinus coggygria var. glaucophylla	198	3.80	33.61	0.15	4.89
小花扁担杆Grewia biloba var. parviflora	100	3.96	33.30	0.10	3.01
黄连木Pistacia chinensis	48	7.32	31.50	0.12	2.81
卫矛Euonymus alatus	46	1.94	7.54	0.01	2.63
毛樱桃Prunus tomentosa	49	2.06	2.82	0.01	2.51
圆柏Juniperus chinensis	40	7.57	14.40	0.16	2.48
苦糖果Lonicera fragrantissima var. lancifolia	19	1.88	8.60	0.00	1.58
侧柏Platycladus orientalis	42	9.66	19.90	0.25	1.41
刺槐Robinia pseudoacacia	16	3.59	16.70	0.01	1.25
桑Morus alba	17	5.80	22.31	0.05	1.16
君迁子Diospyros lotus	10	8.66	17.50	0.04	1.08
陕西荚蒾Viburnum schensianum	14	2.04	3.40	0.01	1.07
构Broussonetia papyrifera	18	6.63	27.69	0.04	1.00
臭椿Ailanthus altissima	17	3.97	18.30	0.01	0.96
葛萝槭Acer davidii subsp. grosseri	10	2.28	3.20	0.00	0.87
毛梾Cornus walteri	5	11.11	23.52	0.05	0.74
鹅耳枥Carpinus turczaninowii	3	12.63	27.30	0.02	0.52
紫弹树Celtis biondii	4	5.64	7.50	0.01	0.51
盐麸木Rhus chinensis	3	8.55	13.30	0.01	0.50
紫荆Cercis chinensis	3	4.69	7.10	0.01	0.50
漆Toxicodendron vernicifluum	4	16.41	23.37	0.07	0.45
圆叶鼠李Rhamnus globosa	6	9.68	15.00	0.02	0.40
香椿Toona sinensis	3	8.69	18.50	0.01	0.35
异叶榕Ficus heteromorpha	3	3.69	8.60	0.00	0.34
竹叶花椒Zanthoxylum armatum	3	1.60	1.89	0.00	0.34
黑弹树Celtis bungeana	2	9.41	13.00	0.01	0.34
春榆Ulmus davidiana var. japonica	2	5.43	16.80	0.01	0.33
三叶木通Akebia trifoliata	2	2.82	3.00	0.00	0.33
栾Koelreuteria paniculata	5	13.43	21.60	0.05	0.27
蒙桑Morus mongolica	1	29.28	29.28	0.07	0.27
山杨Populus davidiana	1	18.50	18.50	0.03	0.20
冻绿Rhamnus utilis	2	9.74	10.02	0.01	0.19

(续)

物种	个体数	平均胸径（厘米）	最大胸径（厘米）	胸高断面积（平方米/公顷）	重要值（%）
苦木 Picrasma quassioides	2	7.80	9.00	0.01	0.18
小果卫矛 Euonymus microcarpus	1	10.80	10.80	0.01	0.18
柘 Maclura tricuspidata	2	1.59	1.73	0.00	0.17
榔榆 Ulmus parvifolia	1	7.90	7.90	0.01	0.17
胡颓子 Elaeagnus pungens	1	2.45	2.90	0.00	0.16
中国黄花柳 Salix sinica	1	2.17	2.17	0.00	0.16
女贞 Ligustrum lucidum	1	1.30	1.30	0.00	0.16

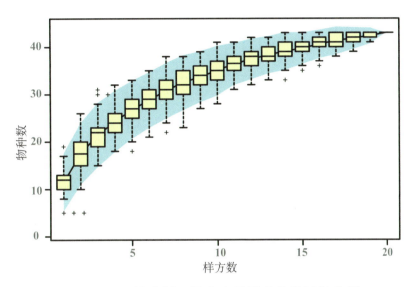

图 5-19 栓皮栎天然次生林群落物种累计曲线

根据吴征镒建立的属级类型的区系分类标，样地内的木本植物共包括 8 个分布区系（表 5-18），区系组成以北温带成分为主，共 16 属，占总属数的 44.4%。此外，还有一些分布类型，如热带分布型 9 属和世界分布等。

表 5-18 栓皮栎天然次生林木本植物群落植物区系分布类型

分布区类型	属数	占比（%）
泛热带分布	4	11.1
北温带分布	16	44.4
东亚和北美洲间断分布	3	8.3
东亚分布	4	11.1
热带亚洲分布	1	2.8
世界分布	3	8.3
中国和东半球热带分布	1	2.8
热带亚洲和热带澳大利亚分布	4	11.1
合计	36	100

3. 径级结构

使用树木直径表示树种年龄结构，将乔木和灌木以不同的方式划分 3 个等级。乔木树种：1≤DBH<5 厘米为小径级，5≤DBH<20 厘米为中等径级，DBH≥20 厘米为较大径级；灌木树种：1<DBH≤1.5 厘米；1.5<DBH≤2 厘米；DBH>2 厘米。

样地内所有木本植物（DBH≥1 厘米）的径级呈双峰型（图 5-20），所有物种的平均胸径为 7.58 厘米，油松和栓皮栎的平均胸径最大，分别为 15.8 厘米和 13.65 厘米，最大胸径达 51.85 厘米（表 5-17）。其中，1≤DBH<5 厘米的个体有 555 株，占总个体数的 17.6%；5≤DBH<20 厘米的个体有 2317 株，占总个体数的 73.3%；DBH≥20 厘米的个体仅有 289 株，占总个体数的 9.2%。从胸高断面积来看，最大的是栓皮栎为 19.5 平方米/公顷，占总胸高断面积的 83.0%。由此可见其优势性；而大于 1 平方米/公顷有 2 种，分别是油松和槲栎，占总数的 12.0%，远小于栓皮栎。

样地重要值排名前 5 位优势种的径级结构表明，栓皮栎的径级结构呈明显的"正态分布"，小径级个体数较少，5≤DBH≤20 厘米的个体达 1849 株，占总个体数的 86.3%；油松的径级分布也呈"正态分布"，小径级个体数仅有 1 株，5≤DBH≤20 厘米的个体达 106 株，占总个体数的 77.4%；槲栎的径级分布也近似"正态分布"，平均胸径为 12.23 厘米；粉背黄栌（*Cotinus coggygria* var. *glaucophylla*）和小花扁担杆（*Grewia biloba* var. *parviflora*）的径级分布均近似倒"J"形，随着径级的增加个体数逐渐减少，个体数主要集中在小径级范围内，平均胸径均小于 4 厘米。

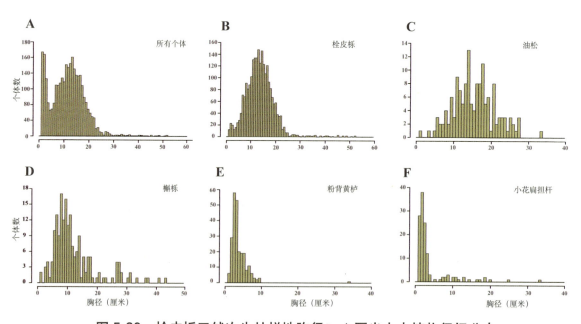

图 5-20　栓皮栎天然次生林样地胸径≥1 厘米木本植物径级分布

4. 土壤采集与测定

采用 5 点取样，在每个 30 米×30 米样方的中心和四角去除表层杂质后取 0～10 厘米、

10~20厘米和>20厘米土层等量土壤，混合均匀，去除杂物后在阴凉下风干。土壤样品测定的指标：土壤pH值、有机质、总碳、总氮、全磷、碱解氮、有效磷和有效钾。全氮含量用凯氏法测定，全磷用钼蓝分光光度法测定，采用重铬酸钾—硫酸氧化法测定有机质含量。碱解氮用碱解—扩散吸收法测定，有效磷用碳酸氢钠—钼锑抗比色法测定，有效钾用乙酸铵提取—火焰光度法测定。用电位测定法测pH值。

5. 秦岭大气氮沉降监测

在秦岭南北坡空旷无遮挡处（北坡：楼观台国家森林公园百竹园内；南坡：西北工业大学秦岭皇冠生态观测研究站内）各设置一台APS-3B型降水降尘自动采样器（如图5-21所示），采样器的收集装置可同时收集降水和降尘，其内部设置有12个降水收集瓶和1个降尘收集缸。采样器被设置为按场收集自然降雨，采样器的湿式梳状雨水传感器可以防止雾霜引起的误差，灵敏度被设置为0.1毫米。按需设置完成后，采样器传感器和雨量计即正常工作，根据降水的场次记录降水量数据，并将样品保存至收集瓶中，每次最多可保存12场降水的样品。

按月收集采样器内的降水和降尘样品及降水量数据，即对无人为干扰条件下的大气干湿沉降进行样品采集和数据监测。降水样品被采集至容量为100毫升的聚乙烯（PE）小瓶中；降尘样品首先溶解于500毫升超纯水中，再被采集至100毫升PE小瓶中。将采集到的样品进行pH测量、0.45微米滤膜抽滤等处理后，可进行后续可溶性氮浓度（总氮、有机氮和无机氮）、氮同位素自然丰度、可溶性有机碳浓度和其他阴阳离子浓度等指标的测定。

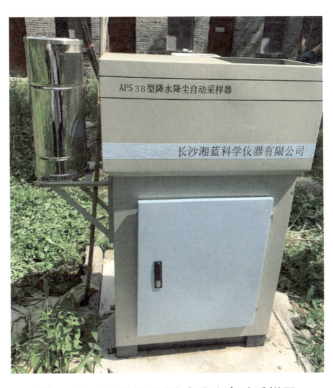

图5-21　APS-3B型降水降尘自动采样器

(三)秦岭森林生态系统三维结构监测平台

森林冠层作为森林生物多样性的主体部分，是森林与外界进行最直接的交互界面，也是森林生态系统的重要组成部分（Muscolo et al., 2014），在维持生态系统结构与功能等方面发挥着重要作用。目前，对森林冠层的定量化研究主要集中在三个假说：大叶模型、多层模型和三维模型。大叶模型是将整个植物冠层当成一片伸展的大叶来处理，直接利用单叶光合模型求其光合生产力。多层模型是将冠层分层只考虑光辐射的垂直差异而忽略水平差异，即考虑了垂直向下时经过不同厚度的叶层遮挡而产生的光强减弱忽略了叶片的不连续性、分布的不均匀性等造成的处于同一水平面上的不同位置的叶片或叶片上的不同部分之间在受光情况上的差异。这两个模型都是对冠层的某一部分进行简化看成是连续的同质的，而实际上叶片在冠层中的分布是不连续、异质的。而三维几何模型则是运用立体几何、曲面几何、分型几何等数学手段去具体地刻化树干、树枝、叶片在三维空间中的位置，进而确定冠层结构，通过对每片树叶、每个枝条进行分析运算来确定冠层内每片叶所接收到的有效光合辐射，再通过积分的方法来模拟整个冠层的光合作用。因此，三维几何模型是最接近冠层真实结构的模型，它可以模拟从叶片到不同类型的枝条、单个树冠个体到整个森林冠层的有效光合辐射分布。

随着遥感技术的发展，激光雷达技术为研究三维冠层结构提供了更为有力的手段（邱建丽等，2008）。激光雷达，是激光探测与测距系统的简称，它通过测定传感器发出的激光在传感器与目标物体之间的传播距离，分析目标地物表面的反射能量大小以及反射波谱的幅度、频率和相位等信息，进行目标定位信息的精确解算，从而呈现目标物精确的三维结构信息（图 5-22）。

图 5-22　机载激光雷达

按照承载平台的不同，激光雷达可以分为地基激光雷达、机载激光雷达和星载激光雷达。按照测距原理，激光扫描仪主要分为脉冲式和相位式两类。脉冲式是指激光器向目标发射一束很窄的光脉冲，系统通过测量从信号发出到信号返回的时间间隔来确定激光器到目标物的距离。与此相对，相位式测距则是对激光束进行幅度调制并测定调制光往返测线一次所产生的相位延迟，利用调制光的波长，换算此相位延迟所代表的距离。不同于脉冲式激光测距发射的离散激光脉冲，相位式采用的是连续波激光，由于激光发射能量的限制，此类设备一般用于较近距离的测量。

为了探究秦岭地区三维冠层结构沿海拔的分布格局以及秦岭南北坡的冠层差异以及地形差异，编者研究团队在秦岭地区南北坡一共选取了 18 个样点，样点分别分布于秦岭南北坡，南坡海拔跨度为 1189～2449 米，北坡海拔跨度为 518～1527 米，南北坡最大海拔差为接近 2000 米，所有样点均沿海拔梯度分布，无人机激光雷达飞行任务累计扫描面积 10.137 平方千米（图 5-23）。航线设置、数据获取与处理流程如图 5-24 所示，具体信息如下展开。

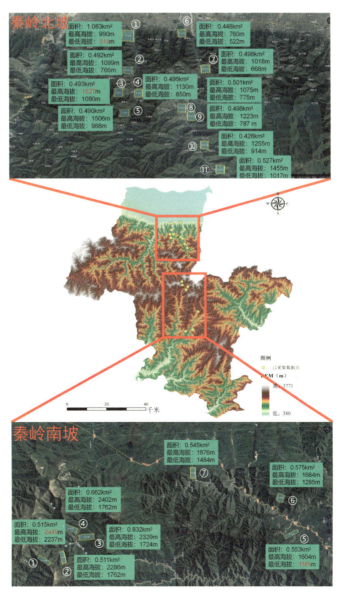

图 5-23　植被三维结构海拔梯度样地布设

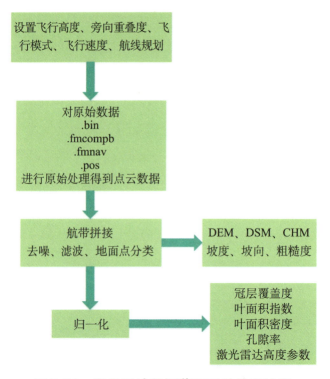

图 5-24 激光雷达数据获取及其处理流程

1. 数据获取

根据秦岭监测目标区域的地形、植被特征、拟获取的点云密度，设置航飞高度、速度、变高或定高飞行和规划航线。研究团队使用飞行器为飞马机器人公司的 D2000S 型号无人机，搭载 LIDAR2000 型号激光雷达模块。设置时，旁向重叠率为 60%，整个航飞区范围需略大于拟扫描目标区，确保区域边缘的数据质量。当需要架设 GNSS 基站时，在没有信号干扰和遮挡的情况下，飞机与基站二者之间需要通信链接，使飞机获取实时差分数据；差分解算时，利用基站静态数据和实时差分数据，进行融合差分。基站与飞机之间不超过 15 千米，以便飞机和基站之间保持通信链接，使飞机获取高精度定位数据。编者所使用的飞马 D2000S 型号的无人机不需要架设基站直接连入 CORS，飞机通过网络接入飞马网络服务，获取实时差分数据，解算时下载飞马网络服务静态数据，进行融合差分。这也要求飞行任务所在区域有网络信号覆盖。在确认设备正常后，即可在合适的天气条件下开展航飞获取激光雷达数据。部分无人机激光雷达在起飞后需要绕"8字"来减少 IMU 的误差，绕"8字"结束后即可进入航线获取数据。将获得的 GNSS 基站数据和 IMU 数据进行解算生成无人机的精准航飞位置和姿态信息，再输入激光雷达系统点云数据进行联合解算，得到测量区内点云的三维坐标信息。在通过无人机管家软件中的 GPS 解算等工具对原始数据进行转换修正得到点云文件。由于无人机在不同航带上的数据会存在误差，需要根据航带数据之间的重叠区域对数据进行关联并通过平差模型消除航带间的系统性误差，最后将数据裁剪生成航飞区的最终点云数据。

2. 数据处理

激光雷达数据预处理包括点云去噪、点云数据滤波、归一化（图 5-25）。扫描过程中激光雷达获取到低空飞行的鸟类或空气中的粗颗粒物等反射回来的信号点形成噪点，或受仪器自身的误差和采集过程中的多路径误差的影响而产生噪点。基于统计的去噪算法是激光雷达数据去噪的主要方法，即在指定邻域内对每一个点搜索其邻近点，并计算该点到每个相邻点之间的距离平均值，当这个平均值大于最大距离时，则认为这个点为噪点，应将其移除。滤波是从海量点云数据中将地面点与植被点分离开来的过程，也称作提取地面点，是点云数据处理的关键步骤。滤波后的点云会被标记为地面点和非地面点两种类别。目前，已有的滤波算法可分为基于坡度、基于区域、基于表面和聚类滤波算法。对于无人机激光雷达数据可以根据自身的需求采用相应的滤波算法，如基于形态学的滤波算法、布料模拟滤波算法、基于改进的渐进三角网滤波算法等。归一化是指利用滤波得到的地面点进行插值生成数字高程模型。基于原始点云可采用画格网的方法生产数字表面模型，即利用落入每个网格单元内的最高点进行插值生成。将数字表面模型减去数字高程模型得到冠层高度模型。利用原始点云减去每个点对应位置的数字高程模型数字即可去除地形起伏，生成归一化的点云。

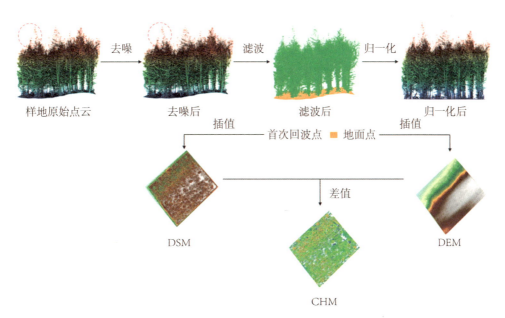

图 5-25 激光雷达数据预处理

3. 冠层结构参数提取

基于处理的激光雷达数据，结合已有的理论和方法，提取森林冠层结构参数，包括冠层覆盖度、孔隙率、叶面积指数与叶面积密度和激光雷达高度参数。具体计算方法和过程如下描述。

（1）冠层覆盖度。冠层覆盖度是指树木冠层的垂直投影占总面积的比例，是反映森林冠层水平结构多样性的重要指标之一。无人机激光雷达可以通过首次回波中植被点个数和总点个数的比值来表示冠层覆盖度。

$$\text{Canopycover} = \frac{\sum \text{First}_{canopy}}{\sum \text{First}_{All}} \tag{5-1}$$

式中：Canopycover——冠层覆盖度；

First$_{canopy}$——单位面积内首次回波是植被的点数；

First$_{All}$——单位面积内首次回波的所有点数。

为了与传统观测保持结果一致需要设置高度阈值（通常设置在 1～2 米），在实际计算中需要将高度阈值以下的植被点去除。

（2）孔隙率。孔隙率又称间隙率，是指光子穿越冠层直接到达地面的概率，是计算叶面积指数的重要参数。孔隙率与郁闭度相反，因此可以通过如下计算来获得。郁闭度与覆盖度不同的是：覆盖度只是考虑冠层表面的垂直投影，而郁闭度还包含了冠层内部的信息，因而在利用三维点云计算郁闭度时，其值等于冠层回波（大于 2 米）与总回波的比值。

对于无人机激光雷达，郁闭度可直接用点云来计算，即单位面积内高于一定高度的植被点与总点数量的比值。为了与传统观测保持结果一致需要设置高度阈值(通常设置在 1～2 米)。在实际计算中需要将高度阈值以下的植被点去除，计算公式如下：

$$\text{Canopyclosure} = \frac{\sum P_{canopy}}{\sum P_{All}} \tag{5-2}$$

（3）叶面积指数与叶面积密度。叶面积指数（LAI）是表征植被冠层结构最基本的参数之一，它与植被的许多生理、物理过程密切相关，如光合、呼吸、蒸腾、碳循环和降水截获等。与传统观测方法相比，激光雷达能够准确地提取叶面积指数，而且可以获取单棵树水平、样地水平及景观水平等不同尺度的叶面积指数。激光雷达提取叶面积指数主要基于比尔—朗伯定律（Beer-Lambert Law）所推导出的公式：

$$LAI = \frac{-\cos\theta}{G(\theta)\,\Omega}\log P(\theta) \tag{5-3}$$

式中：LAI——叶面积指数；

θ——入射光线的天顶角；

$P(\theta)$——天顶角为 θ 方向的孔隙率；

$G(\theta)$——消光系数、在大部分的研究中 $G(\theta)$ 被设定为恒定值 0.5；

Ω——聚集系数。

（4）激光雷达高度参数。激光雷达高度参数是单位范围内归一化后点云的统计参数，能够反映植被结构的变化，也常被用于和与地面变量建立回归方程实现大范围的参数计算。目前，常用的统计值有高度百分位数、变异系数、偏斜度、标准差等。

参考文献

白红英，马新萍，高翔. 2012. 基于 DEM 的秦岭山地 1 月气温及 0℃等温线变化 [J]. 地理学报，67（11）：1443-1450.

曹玉萍，施颖，2021. 江苏里下河腹地湖泊湖荡水生态功能区划及工程总体布局 [J]. 中国水利（14）：15-17.

曹云，欧阳志云，郑华，等，2006. 森林生态系统的水文调节功能及生态学机制研究进展 [J]. 生态环境（6）：1360-1365.

曾威，孙丰月，周红英，2023. 北秦岭官坡地区稀有金属伟晶岩锡石年代学、岩石地球化学特征及地质意义 [J]. 地球科学，48（8）：2851-2871.

陈鸿申，陈忠发，龚芯磊，等，2023. 贵州芙蓉江流域生态系统服务功能综合评价与生态功能区划 [J]. 贵州林业科技，51（2）：71-77.

陈雪峰，曾伟生，熊泽彬，等，2004. 国家森林资源连续清查的新进展——关于国家森林资源连续清查技术规定的修订 [J]. 林业资源管理（5）：40-45.

戴君虎，雷明德，1999. 陕西植被与环境保护 [J]. 西北大学学报（自然科学版），29：73-77.

邓铭江，樊自立，徐海量，等，2017. 塔里木河流域生态功能区划研究 [J]. 干旱区地理，40（4）：705-717.

方精云，柯金虎，唐志尧，等，2001. 生物生产力的"4P"概念、估算及其相互关系 [J]. 植物生态学报，25（4）：414-419.

冯丽梅，2020. 关于开展森林生态会计核算的探讨 [J]. 绿色财会，396（6）：8-10.

傅伯杰，牛栋，于贵瑞，2007. 生态系统观测研究网络在地球系统科学中的作用 [J]. 地理科学进展，26（1）：1-17.

傅伯杰，周国逸，白永飞，2009. 中国主要陆地生态系统服务功能与生态安全 [J]. 地球科学进展，24161：571-576.

高吉喜，2022. "五基"协同生态遥感监测体系构建与应用 [J]. 环境保护，50（20）：13-19.

郭慧，2014. 森林生态系统长期定位观测台站布局体系研究 [D]. 北京：中国林业科学研究院.

国家林业局，2008a. 荒漠生态系统定位观测技术规范（LY/T 1752—2008）[S]. 北京：中国标准出版社.

国家林业局，2008b. 荒漠生态系统研究站建设规范（LY/T 1753—2008）[S]. 北京：中国标准出版社.

韩兴国，李凌浩，黄建辉，1999. 生物地球化学概论 [M]. 北京：高等教育出版社.

何春梅，刘润清，杨治春，等，2021. 秦岭皇冠暖温性落叶阔叶林物种组成与群落结构 [J]. 应用生态学报，32（8）：2737-2744.

洪步庭，任平，苑全治，等，2019. 长江上游生态功能区划研究 [J]. 生态与农村环境学报，35（8）：1009-1019.

姜健发，2019. 森林资源连续清查中样地复位技术探讨 [J]. 绿色科技，13：236-238.

蒋有绪，2000. 森林生态学的任务及面临的发展问题 [J]. 世界科技研究与发展，3（1）：1-3.

孔凡婕，王芳，葛全胜，等，2023. 基于生态地理多要素综合分析我国陆域生态地理区划 [J]. 自然资源情报，24（3）：43-49.

李成，王国强，杨延玲，2015. 陕西省楼观台实验林场植被主要类型特征及其分布规律 [J]. 安徽农学通报，21：82-83.

李大伟，段克勤，李双双，2022. 秦岭气候分界指标时空变化特征及指示意义 [J]. 水土保持研究，29（5）：155-163.

李君轶，傅伯杰，孙九林，2021. 新时期秦岭生态文明建设：存在问题与发展路径 [J]. 自然资源学报 36（10）：2449-2463.

李少英，刘小平，黎夏，等，2017. 土地利用变化模拟模型及应用研究进展 [J]. 遥感学报，21（3）：329-340.

李曙光，1997. 秦岭 - 大别山带构造演化的同位素年代学与地球化学//于津生，李耀菘. 中国同位素地球化学研究 [M]. 北京：科学出版社.

李艳红，2020. 秦巴山地土壤侵蚀多维变化研究 [D]. 开封：河南大学.

李燕萍，陈松林，傅滨桢，等，2017. 基于生态功能区划的耕地时空变化研究 [J]. 高师理科学刊，37（3）：61-66.

李哲，王立，马放，2019. 基于水资源分异特征及其敏感性分析的生态功能区划——以哈尔滨市辖区优控单元为例 [J]. 哈尔滨工业大学学报，51（8）：73-79.

林媚珍，赵家敏，冯荣光，等，2018. 生态系统服务价值空间异质性及生态功能区划探析——以中山市为例 [J]. 华南师范大学学报（自然科学版），50（1）：92-101.

刘黎，赵永华，韩磊，等，2021. 基于土地资源分区的黄土高原水土热资源时空变化和生态功能区划 [J]. 陕西师范大学学报（自然科学版），49（6）：86-97.

刘若溪，2010. 矿业经济区划分与规划研究 [D]. 北京：中国地质大学.

刘思源，韩鸿远，孙彦斐，2023. 基于生态系统服务与生态敏感性的国家公园风景空间生态功能区划——以神农架国家公园为例 [J]. 园林，40（12）：82-90.

刘颂，谌诺君，董宇翔，2022. 基于生态系统服务簇的生态功能区划及管控策略研究——以

嘉兴市为例 [J]. 园林, 39 (3): 21-29.

刘旭升, 2017. 青海省生态功能区划与建设研究——以互助土族自治县为例 [J]. 环境保护科学, 43 (3): 47-51.

刘焱序, 傅伯杰, 王帅, 等, 2017. 从生物地理区划到生态功能区划——全球生态区划研究进展 [J]. 生态学报, 37 (23): 7761-7768.

刘杨赟, 陈芳清, 黄永文, 等, 2021. 沿江化工园生态功能区划与建设研究——以宜都园区为例 [J]. 环境科学与管理, 46 (4): 33-37.

卢康宁, 段经华, 纪平, 等, 2019. 国内陆地生态系统观测研究网络发展概况 [J]. 温带林业研究, 2 (3): 13-18.

陆福志, 鹿化煜, 2019. 秦岭—大巴山高分辨率气温和降水格点数据集的建立及其对区域气候的指示 [J]. 地理学报, 74 (05): 875-888.

马思敏, 陈静怡, 林晓东, 2018. 生态功能区划下县域可持续发展案例的分析 [J]. 农村经济与科技, 29 (2): 150-151.

牛伟, 耿茹, 2017. 京津冀生态涵养区生态规划思路与实施路径研究 [J]. 环境科学与管理, 42 (9): 20-23.

牛香, 王兵, 郭珂, 2022. 国家退耕还林工程生态监测区划和布局研究 [M]. 北京：中国林业出版社.

乔治, 蒋玉颖, 贺瞳, 等, 2022. 土地利用变化模拟：进展、挑战和前景 [J]. 生态学报, 42 (13): 5165-5176.

邱建丽, 李意德, 陈德祥, 等, 2008. 森林冠层结构的生态学研究现状与展望 [J]. 广东林业科技, 24 (1): 75-82.

任建新, 李爽, 马会强, 等, 2018. 辽宁省抚顺市生态功能区划 [J]. 水土保持通报, 38 (5): 161-167.

申艳军, 陈兴, 彭建兵, 2024. 秦岭生态地质环境系统本底特征及研究体系初步构想 [J]. 地球科学, 49 (6): 1-17.

师贺雄, 王兵, 牛香, 2016. 基于森林生态连清体系的中国森林生态系统服务特征分析 [J]. 北京林业大学学报, 38 (6): 42-50.

宋友城, 田毅, 安拴霞, 2021. 大清河流域生态功能区划研究 [J]. 生态科学, 40 (6): 197-206.

唐佳, 方江平, 2010. 森林生态系统服务功能价值评估指标体系研究 [J]. 西藏科技, 3 (5): 71-75.

陶帅, 王彬, 李玮, 等, 2022. 西秦岭东段对青藏高原东向扩展过程构造响应的古地磁制约 [J]. 地球物理学报, 65 (9): 3502-3520.

田晶，郭生练，刘德地，2020. 气候与土地利用变化对汉江流域径流的影响 [J]. 地理学报，75（11）：2307-2318.

汪求来，薛春泉，陈传国，等，2020. 基于连清体系的省域森林面积年度出数分析 [J]. 林业与环境科学，36（5）：16-22.

王兵，2015. 森林生态连清技术体系构建与应用 [J]. 北京林业大学学报，37（1）：1-8.

王兵，崔向慧，杨锋伟，2004. 中国森林生态系统定位研究网络的建设与发展 [J]. 生态学杂志，23（4）：84-91.

王兵，牛香，宋庆丰，2020. 中国森林生态系统服务评估及其价值化实现路径设计 [J]. 环境保护，48（14）：28-36.

王兵，宋庆丰，2012. 森林生态系统物种多样性保育价值评估方法 [J]. 北京林业大学学报，34（2）：155-160.

王兵．2016. 生态连清理论在森林生态系统服务功能评估中的实践 [J]. 中国水土保持科学，14（1）：1-12.

王芳，李炳元，田思雨，等，2024. 中国生态地理区划更新和优化 [J]. 地理学报，70（1）：3-16.

王鸿祯，1982. 中国地壳构造发展的主要阶段 [J]. 地球科学（3）：155-178.

王慧，王兵，牛香，2021. 基于生态康养指数和SRP模型的风景区生态康养资源禀赋评价与功能区划 [J]. 陆地生态系统与保护学报，1（2）：11-23.

王金凤，刘小玲，王盛，等，2023. 基于生态功能区划的黄土高原生境质量演变及模拟 [J] 人民黄河，45（1）：105-111.

王劲峰，2009. 地图的定性和定量分析 [J]. 地球信息科学学报，11（2）：169-175.

王丽霞，张茗爽，隋立春，等，2020. 渭河流域生态功能区划 [J]. 干旱区研究，37（1）：236-243.

王瑞廷，成欢，冀月飞，等，2020. 秦岭陕西段主要矿产资源分布特征与绿色勘查开发 [J]. 矿产勘查，11（12）：2672-2684.

王宗起，闫全人，闫臻，等，2009. 秦岭造山带主要大地构造单元的新划分 [J]. 地质学报，83（11）：1527-1546.

吴浩，安鹤轩，宋小燕，等，2022. 林芝市生态保护重要性评价与生态功能区划 [J]. 科技促进发展，18（5）：686-695.

奚星伍，陶雨薇，2017. 基于生态适宜性评价的皖北县域生态功能区划研究——以颍上县为例 [J]. 安徽建筑大学学报，25（3）：70-74.

辛蕊，段克勤，2019. 2017年夏季秦岭降水的数值模拟及其空间分布 [J]. 地理学报，74（11）：2329-2341.

徐德应，1994. 人类经营活动对森林土壤碳的影响 [J]. 世界林业研究，5（4）：26-32.

徐梦，田大栓，王易恒，等，2022. 国家尺度自然保护地生态系统联网监测指标体系构建与应用研究 [J]. 植物生态学报，46（10）：1219-1233.

杨经绥，刘福来，吴才来，等，2003. 中央碰撞造山带中两期超高压变质作用来自含柯石英锆石的定年证据 [J]. 地质学报（4）：463-477.

杨萍，白永飞，宋长春，等，2020. 野外站科研样地建设的思考、探索与展望 [J]. 中国科学院刊，25（1）：125-135.

于贵瑞，朱剑兴，徐丽，等，2022. 中国生态系统碳汇功能提升的技术途径：基于自然解决方案 [J]. 中国科学院院刊，37（4）：490-501.

张国伟，董云鹏，赖绍聪，等，2003. 秦岭—大别造山带南缘勉略构造带与勉略缝合带 [J]. 中国科学（D 辑：地球科学）（12）：1121-1135.

张国伟，张宗清，董云鹏，1995. 秦岭造山带主要构造岩石地层单元的构造性质及其大地构造意义 [J]. 岩石学报，11（2）：101-114.

张青青，于辉，安沙舟，等，2017. 玛纳斯河流域草地生态功能区划研究 [J]. 新疆农业科学，54（5）：969-977.

赵方杰，2012. 洛桑试验站的长期定位试验：简介及体会 [J]. 南京农业大学学报，35（5）：147-153.

赵力，杜鸣溪，刘楠，等，2023. 中国陆域国家公园功能区划理论构建与探索 [J]. 南京工业大学学报（社会科学版），22（4）：67-82.

赵士洞，2005. 美国国家生态观测站网络（NEON）概念、设计和进展 [J]. 地球科学进展，20（5）：578-583.

赵万奎，张晓庆，陈智平，等，2019. 基于 GIS 的金昌市生态功能区划分及发展对策 [J]. 草业科学，36（11）：2989-2996.

郑度，2008. 中国生态地理区域系统研究 [M]. 北京：商务印书馆.

钟旭珍，刘馨悦，姚坤，等，2021. 基于生态功能分区的沱江流域土壤侵蚀研究 [J]. 西南大学学报（自然科学版），43（12）：127-136.

Carpenter S，Brock W，Hanson P，1999. Ecological and Social Dynamics in Simple Models of Ecosystem Management [J]. Conservation Ecology，3（2）：4.

Council N，2004. NEON-Addressing the nation's environmental challenges [M]. Washington：The National Academy Press.

Hargrove W W，Hoffman F M，1999. Using multivariate clustering to characterize ecoregion borders [J]. Comput Sci Eng，1（4）：18-25.

Hargrove W W，Hoffman F M，2004. Potential of multivariate quantitative methods for delineation and visualization of ecoregions [J]. Environ Manage，34：S39-S60.

Hilton R G, 2023. Earth's persistent thermostat [J]. Science, 379 (6630): 329-330.

Hobbie J E, Carpenter S R, Grimm N B, et al., 2003. The US Long Term Ecological Research Program [J]. Bioscience, 53 (1): 21-32.

Kearney SP, Coops NC, Stenhouse GB, et al., 2019. EcoAnthromes of Alberta: An example of disturbance-informed ecological regionalization using remote sensing [J]. Journal of Environmental Management, 234: 297-310.

Lu X, Mo J, Zhang W, et al., 2019. Effects of Simulated Atmospheric Nitrogen Deposition on Forest Ecosystems in China: An Overview [J]. Journal of Tropical and Subtropical Botany, 27 (5): 500-522.

Miller J D, Adamson J K, Hirst D, 2001. Trends in stream water quality in Environmental Change Network upland catchments: the first 5 years [J]. Sci Total Environ, 265 (1-3): 27-38.

Muscolo A, Bagnato Silvio S, Sidari M, et al., 2014. A review of the roles of forest canopy gaps[J]. Journal of Forestry Research, 25 (4): 725-736.

Niu X, Wang B, Wei W J, 2013. Chinese forest ecosystem research network: A platform for observing and studying sustainable forestry [J]. J Food Agric Environ, 11 (2): 1008-1016.

Senkowsky S. 2003. NEON: Planning for a new frontier in biology [J]. Bioscience, 53 (5): 456-461.

Snelder T, Lehmann A, Lamouroux N, et al., 2010. Effect of Classification Procedure on the Performance of Numerically Defined Ecological Regions [J]. Environ Manage, 45 (5): 939-952.

Vaughan H, Brydges T, Fenech A, et al., 2001. Monitoring long-term ecological changes through the ecological monitoring and assessment network: Science-based and policy relevant [J]. Environ Monit Assess, 67 (1-2): 3-28.

Vicca S, Goll D S, Hagens M, et al., 2021. Is the climate change mitigation effect of enhanced silicate weathering governed by biological processes? [J]. Global Change Biology, 28 (3): 711-726.

Vihervaara P, D'Amato D, Forsius M, et al., 2013. Using long-term ecosystem service and biodiversity data to study the impacts and adaptation options in response to climate change: insights from the global ILTER sites network [J]. Curr Opin Env Sust, 5 (1): 53-66.

Wu Q, Song J, Sun H, 2023. Spatiotemporal variations of water conservation function based on EOF analysis at multi time scales under different ecosystems of Heihe River Basin [J]. Journal of Environmental Management, 325: e116532.

附 录

表 1 秦岭生态功能区及情况总览

生态区	生态亚区	生态功能区	主导功能	省份	区域位置	存在问题	生态敏感性	服务功能	保护措施与发展方向
I 燕山—太行山山地南地落叶阔叶林生态区	I-1 豫西山南太行山麓丘陵农业生态亚区	I-1-1 豫西黄河湿地生态功能区	水源涵养	河南省	黄河自陕西入河南三门峡豫灵镇至花园口段，总面积为1122平方千米	水土流失严重，水体污染程度有所增加，威胁到饮水安全及湿地生态环境	水土流失敏感	水资源及湿地生态	加强沿线工业企业的污染控制和治理力度；退耕还林还荒，保护两岸天然植被，防治水土流失，控制旅游开发项目的适度发展
II 汾渭盆地地农业生态区	II-1 渭河盆地农业生态亚区	II-1-1 关山水源涵养生态功能区	水源涵养	陕西省	陇县西部，宝鸡市西部，面积1321.7平方千米	森林生长慢，利用过度	生物多样性敏感	水源涵养功能与生态旅游功能	保护天然次生林，发展特色林牧业与生态旅游
	II-1 渭河盆地农业生态亚区	II-1-2 麟陇北山水源涵养与土壤保持生态功能区	水源涵养	陕西省	陇县东部，宝鸡金台区西部，宝鸡陈仓区北部，凤翔县南部，千阳县，麟游县，永寿县的局部，面积5919.7平方千米	地形破碎，植被破坏严重，水土流失较严重，生态系统退化	土壤侵蚀中度敏感	水源涵养与土壤保持	农业灌溉水源中度敏感。保护天然林，发展经济林，提高水源涵养与土壤保持能力
	II-1 渭河盆地农业生态亚区	II-1-3 大荔沙苑风沙控制生态功能区	防风固沙	陕西省	大荔县南部，面积250.4平方千米	土地开垦，防护林破坏严重	土地沙化较敏感	风沙控制功能较重要	特殊的风沙化景观，建立和完善保护区，发展以经济林为主的沙产业和生态旅游

(续)

生态区	生态亚区	生态功能区	主导功能	省份	区域位置	存在问题	生态敏感性	服务功能	保护措施与发展方向
II 汾渭盆地农业生态区	II-1 渭河盆地农业生态亚区	II-1-4 关中平原城镇及农业生态功能区	农业生产	陕西省	渭南市中南部，西安市，咸阳市，以及宝鸡市中部各县，面积13185.2平方千米	人工生态系统为主，对周边依赖强烈，人口多，水资源问题突出，土壤和水污染严重，耕地锐减，中东部土地次生盐渍化危害	水环境敏感，局部盐渍化敏感	农业生产、城市生态功能	合理利用水资源，保证生态用水，城市加强污水处理和回收利用，实施大地园林化工程，提高绿色覆盖率，保护耕地，发展现代农业和城郊型农业，加强河道综合治理污染治理，提高防洪标准，建立湿地保护区
III 黄土高原农业与草原生态区	III-1 黄土高原西部农业生态亚区	III-1-1 西部黄土丘陵草原农田及水土保持功能区	土壤保持	甘肃省	东乡族自治县，临洮县中部，渭源县北部，面积6023平方千米	水土流失严重，且经常遭受春旱，导致农业生产产量低而不稳	土壤侵蚀或高度敏感区	土壤保持重要地区	加强基本农田建设，扩大草地和防护林地面积，减少水土流失
		III-1-2 和政、渭源土石丘陵农林及水源涵养生态功能区	水源涵养	甘肃省	渭源县，临洮县，康乐县，和政县，临夏市，面积4028平方千米	由于长期砍伐，森林面积减小	土壤侵蚀或高度敏感区	水源涵养和土壤保持重要地区	合理调整农林用地比例，利用降水丰富的优势，封山育林恢复森林植被，涵养水源
		III-1-3 黄土丘陵东部强烈侵蚀农业生态功能区	土壤保持	甘肃省	秦安、甘谷、清水、武山、陇西、庄浪、通渭、静宁、会宁等县的全部或部分，以及定西市安定区，面积达29954平方千米	土地开发强度大，坡耕地比例大，水土流失严重	土壤侵蚀或高度敏感区	水源涵养和土壤保持重要地区	以控制水土流失为重点，开展生态环境综合治理，建设高标准的基本农田，发展集雨农业，积极退耕还林还草
IV 秦巴山地落叶与常绿阔叶林生态区	IV-1 秦岭山地针阔混交林生态亚区	IV-1-1 秦岭北坡中西段水源涵养生态功能区	水源涵养	陕西省	眉县，周至县，蓝田县，西安市鄠邑区，长安区等山区，面积4225.6平方千米	低山区土地开垦，森林破坏严重，生态系统退化	土壤侵蚀敏感，生物多样性敏感	水源涵养功能重要，自然景观保护功能，生物多样性保护	关中地区主要的水源区，实施天然林保护，封山育林，植树造林，提高水源涵养功能，合理规划，适度发展生态旅游

（续）

生态区	生态亚区	生态功能区	主导功能	省份	区域位置	存在问题	生态敏感性	服务功能	保护措施与发展方向
IV秦巴山地落叶与常绿阔叶林生态区	IV-1秦岭山地落叶阔叶-针阔混交林生态亚区	IV-1-2秦岭北坡东段土壤侵蚀控制生态功能区	土壤保持	陕西省	潼关县，渭南市华州区和华阴市南部，蓝田县南部，面积2107.5平方千米	矿产资源开发引发土壤侵蚀，水（泥）石流灾害，景观破坏	土壤侵蚀较敏感	土壤保持，自然文化与景观功能	保护植被，严格控制矿产开发对景观的破坏，实施生态恢复和重建，保护华山及周边的自然景观
	IV-1山地落叶阔叶-针阔混交林生态亚区	IV-1-3秦岭中高山生物多样性保护生态功能区	生物多样性	陕西省	太白县，周至县，眉县，留坝县北部，城固县，佛坪县的北部，宁陕县大部，柞水县西部，面积8085.7平方千米	人类活动影响：过度挖掘中草药、盗伐，偷猎	生物多样性敏感	生物多样性保护和水源涵养功能	生物多样性集中分布区，也是众多河流源头，完善自然保护区网建设与管理，保护天然植被及生物多样性
	IV-1山地落叶阔叶-针阔混交林生态亚区	IV-1-4凤县宽谷盆地土壤侵蚀控制生态功能区	土壤保持	陕西省	凤县全部，留坝县西部，略阳县北部，面积3750.7平方千米	土地开垦破坏，植被、坡地、泥石流灾害频繁	土壤侵蚀敏感性高	水土保持与农业生产	保护和恢复盆地周边植被，减少人为影响，盆地内发展农作与经济植被
	IV-1山地落叶阔叶-针阔混交林生态亚区	IV-1-5南坡中西段中低山水源涵养与土壤保持生态功能区	水源涵养	陕西省	宁强县西部和北部，略阳县大部，勉县中部和西南部，留坝县南部，汉中市北部，城固县和洋县的北部，佛坪县中部，宁陕县西南部，面积7598.6平方千米	森林破坏，坡地开垦，矿产资源开发等引发水土流失，滑坡，泥石流等问题严重	水土流失敏感，局部生物多样性敏感	水源涵养，土壤保持功能	汉江北岸众多河流的上中游，水源涵养功能极其重要，水土流失较严重。保护天然次生林，退耕还林，做好矿产资源开发的生态保护与恢复，控制水土流失，保护朱鹮等珍稀动物
	IV-1山地落叶阔叶-针阔混交林生态亚区	IV-1-6秦岭南坡东段水源涵养生态功能区	水源涵养	陕西省	柞水县大部，山阳县北部，镇安县北部，商州市，渭南市华州区局部，洛南县北部，面积5834.9平方千米	森林过度砍伐，陡坡耕作，水土流失较强烈	生物多样性敏感，水土流失高度敏感	水源涵养，生物多样性维持功能	河流源头，实施天然林保护，退耕还林，加强森林抚育管理

(续)

生态区	生态亚区	生态功能区	主导功能	省份	区域位置	存在问题	生态敏感性	服务功能	保护措施与发展方向
IV 秦巴山地落叶与常绿阔叶林生态区	IV-1 秦岭山地落叶-针阔混交林生态亚区	IV-1-7 镇柞灰岩中山水土流失敏感生态功能区	土壤保持	陕西省	宁陕县南部，镇安县大部，柞水县西南部，山阳县南部，商南县西南角，面积6173.6平方千米	森林破坏，陡坡开垦，水土流失问题突出	土壤侵蚀敏感，生物多样性局部敏感	土壤保持	退耕还林还草，营造水土保持林，适度发展旅游
	IV-1 秦岭山地落叶-针阔混交林生态亚区	IV-1-8 商洛中低山水源涵养与土壤保持生态功能区	水源涵养	陕西省	商洛市大部分地区，面积7005.5平方千米	自然植被破坏严重，土地垦殖率高，水土流失严重，滑坡和泥石流灾害较多	土壤侵蚀敏感	丹江上游，南洛河上中游水源涵养功能重要	坡地退耕还林，发展经济林木，提高植被覆盖率，涵养水源，控制水土流失，保护河谷区基本农田，提高农业生产能力
	IV-1 秦岭山地落叶-针阔混交林生态亚区	IV-1-9 卢氏山间盆地农业生态功能区	农业生产	河南省	卢氏县境内熊耳山，崤山和伏牛山之间海拔500~1000米的山间盆地，总面积414平方千米	与外界交流不便	无	农林产品提供	适度发展农业生产，保护林业资源，发展绿色农业
	IV-1 秦岭山地落叶-针阔混交林生态亚区	IV-1-10 义渑矿产开发生态恢复功能区	农业生产	河南省	义马市，渑池县的中部，新安县的南部，三门峡市陕州区东部的一部分地区，总面积976平方千米	矿产开发导致地表裸露，地面沉降，水体受到污染	水土流失高度敏感，水污染中度敏感，地质灾害敏感	农业生产及矿产资源的提供	及时进行矿区塌陷区的土地复垦，做好矿区的复垦，植被恢复及绿化
	IV-1 秦岭山地落叶-针阔混交林生态亚区	IV-1-11 韶山青要山生物多样性保护生态功能区	生物多样性	河南省	三门峡东北部的韶山和洛阳西北部的青要山，该区域低山处已成为小浪底水库淹没区，面积282平方千米	局地因开发及植被稀疏造成水土流失，土地承载力严重超载	地质灾害高度敏感，土地承载力严重超载	生物多样性保护	禁猎禁伐，保护植被，退耕还林

(续)

生态区	生态亚区	生态功能区	主导功能	省份	区域位置	存在问题	生态敏感性	服务功能	保护措施与发展方向
IV秦巴山地落叶与常绿阔叶林生态区	IV-1秦岭山地落叶-针阔混交林生态亚区	IV-1-12小秦岭生物多样性保护生态功能区	生物多样性	河南省	灵宝市的西部小秦岭深山区，总面积396平方千米	局部地区因矿产开发导致植被破坏，矿渣堆存及水质污染的生态破坏尚未得到有效恢复	地质灾害高度敏感，土地承载力严重超载	生物多样性保护	禁猎禁伐，杜绝矿产资源的不合理开发，封育山林，保护植被
	IV-1秦岭山地落叶-针阔混交林生态亚区	IV-1-13小秦岭崤山水源涵养与水土保持生态功能区	水源涵养	河南省	灵宝市大部分、卢氏县北部，三门峡市陕州区大部分及洛宁北部崤山等区域海拔500米以上的区域，小秦岭海拔500~1000米的区域，划定为水源涵养生态功能区，总面积7953平方千米	矿山开发导致植被破坏，水土流失严重；矿渣堆存，水质污染，影响区域黄河水质；矿区开发引发地质灾害发生率增高	水土流失高度敏感	水源涵养、水土保持	合理发展林果业，植树造林；杜绝矿产资源私开乱挖，控制矿区开采区的生态破坏，对已破坏的生态破坏，进行恢复整治
	IV-1秦岭山地落叶-针阔混交林生态亚区	IV-1-14白龙江河谷山地滑坡及泥石流重点控制生态功能区	生物多样性	甘肃省	舟曲县南部、陇南市武都区西北部和文县北部，面积2765平方千米	全国泥石流密度最大的地区	生物多样性保护敏感区	水源涵养、生物多样性保护重要地区	需进一步开展天然林资源保护工程和退耕还林工程的建设，封山育林，提高森林覆盖率，并增加潜在泥石流危险区的监督力度
	IV-1秦岭山地落叶-针阔混交林生态亚区	IV-1-15康县、武都南部水源涵养与生物多样性保护生态功能区	水源涵养	甘肃省	陇南市武都区、康县、文县南部，面积3358平方千米	低山区自然植被基本不复存在，流水侵蚀强烈	土壤侵蚀高度敏感区	水源涵养和生物多样性保护重要地区	加强水源保护措施，禁止砍伐，保护植被及生物多样性
	IV-1秦岭山地落叶-针阔混交林生态亚区	IV-1-16北秦岭西部水源涵养生态功能区	水源涵养	甘肃省	岷县东部、礼县西部和武山县南部，面积4288平方千米	土壤侵蚀较重	土壤侵蚀中度敏感区	水源涵养和土壤保持重要地区	保护森林，减少水土流失，提高水源涵养能力

(续)

生态区	生态亚区	生态功能区	主导功能	省份	区域位置	存在问题	生态敏感性	服务功能	保护措施与发展方向
IV 秦巴山地落叶与常绿阔叶林生态区	IV-1 秦岭山地落叶-针阔混交林生态亚区	IV-1-17 天水南部农林业生态功能区	农业生产	甘肃省	天水市麦积区和秦州区南部，面积3134平方千米	次生林受到较为严重的破坏	东部为土壤侵蚀重要地区	水源涵养和土壤保持重要地区	林区应保护和抚育现有次生林；低山丘陵区大力发展多种经营，改善生态环境；川地以提高土地生产力和推广农业先进技术，实行集约经营，保障城市粮、菜、副食品供应
	IV-1 秦岭山地落叶-针阔混交林生态亚区	IV-1-18 白龙江、白水江河谷农业生态功能区	土壤保持	甘肃省	陇南市武都区北部，面积为2084平方千米	土壤中度侵蚀	土壤侵蚀中度敏感区	土壤保持重要地区	开发有机食品和绿色食品
	IV-1 秦岭山地落叶-针阔混交林生态亚区	IV-1-19 西礼盆地农业与水土保持生态功能区	土壤保持	甘肃省	西和县北部，礼县东北部，面积3389平方千米	水土流失较严重，采矿破坏地表景观	土壤侵蚀中度敏感区	水源涵养和土壤保持重要地区	加强采矿土地恢复和环境保护
	IV-1 秦岭山地落叶-针阔混交林生态亚区	IV-1-20 小陇山林区水源涵养与生物多样性保护重要生态功能区	水源涵养	甘肃省	徽县和两当县北部，天水市秦州区和麦积区南部，面积4460平方千米	生物多样性中度丧失区	东部为土壤侵蚀高度敏感区	水源涵养和生物多样性保护重要地区	加强麦草沟自然保护区和麦积山自然保护区的建设，以及麦积山石窟的保护
	IV-1 秦岭山地落叶-针阔混交林生态亚区	IV-1-21 岷宕山地农业与水土保持生态功能区	土壤保持	甘肃省	岷县中部和宕昌县北部，面积2678平方千米	中山带人类活动频繁，森林破坏严重，林相残败，水土流失严重	土壤侵蚀中度敏感区	水源涵养和土壤保持重要地区	保护耕地，控制水土流失林，恢复和发展森林

(续)

生态区	生态亚区	生态功能区	主导功能	省份	区域位置	存在问题	生态敏感性	服务功能	保护措施与发展方向
IV秦巴山地常绿落叶阔叶林生态区	IV-1秦岭山地落叶阔叶-针阔混交林生态亚区	IV-1-22漳县、武山农林与水土保持生态功能区	土壤保持	甘肃省	漳县以及武山县北部，面积3152平方千米	土壤中度或强度侵蚀	土壤侵蚀中等敏感区	水源涵养和水土保持重要地区	南部应以次生林的保护和恢复为主，中北部营造人工林，发展经济林，保持水土，改善农业生态环境
	IV-1秦岭山地落叶阔叶-针阔混交林生态亚区	IV-1-23徽成盆地农业与水土保持生态功能区	土壤保持	甘肃省	西和县、成县及徽县南部，面积1771平方千米	大规模采矿破坏地表景观	土壤侵蚀中度敏感区	土壤保持重要地区	发展农业和采矿业过程中，进行生态环境的保护与恢复，控制水土流失
	IV-1秦岭山地落叶阔叶-针阔混交林生态亚区	IV-1-24秦岭南坡山地阔叶林水源涵养与生物多样性保护生态功能区	水源涵养	甘肃省	康县、陇南市武都区北部、两当县南部地区，面积5868平方千米	土壤中度侵蚀区	南部为土壤侵蚀高度敏感区	水源涵养和生物多样性保护重要地区	加强生物多样性保护
	IV-2豫西南阳山地常绿落叶阔叶林生态亚区	IV-2-1丹江口库区水源涵养与水质保护生态功能区	水源涵养	湖北省	十堰市区、丹江口市、郧西县和十堰市郧阳区，面积1.17万平方千米	水资源时空分布不均，陡坡地的开垦，导致水土流失十分严重	土壤侵蚀高度敏感、中度易旱敏感，水环境轻度敏感，酸雨中度敏感	水源涵养，水质保护	加大退耕还林力度，增强区域水源涵养功能，减少水土流失；加强污染治理，保证丹江口水库水质满足南水北调的基本条件；加大农业基础设施的建设；降低自然灾害的影响
	IV-2豫西南阳山地常绿落叶阔叶林生态亚区	IV-2-2鸭河口湿地生物多样性保护生态功能区	生物多样性	河南省	位于南阳南召县境内，外方山、伏牛山白河上游，总面积273平方千米	鸭河口电厂冷却水为循环水，网箱养鱼及旅游业发展影响库区水环境质量及湿地生境	水环境质量和湿地生境高敏感	生物多样性保护	改造电厂循环水利用方式，控制库区生活生产活动，恢复湿地生境

附 录　129

(续)

生态区	生态亚区	生态功能区	主导功能	省份	区域位置	存在问题	生态敏感性	服务功能	保护措施与发展方向
Ⅳ秦巴山地落叶与常绿阔叶林生态区	Ⅳ-2豫西南山地常绿落叶阔叶林生态亚区	Ⅳ-2-3伏牛山熊耳山外方山生物多样性保护生态功能区	生物多样性	河南省	伏牛山熊耳山外方山，总面积7141平方千米	生态系统具有较好的完整性和稳定性	生境敏感，生物多样性保护重要	生物多样性保护	禁止捕猎，采伐野生动植物，保护植被群落的完整性
	Ⅳ-2豫西南山地常绿落叶阔叶林生态亚区	Ⅳ-2-4鲁山汝州水源涵养与水土保持生态功能区	水源涵养	河南省	鲁山县、汝州市及宝丰县西部，总面积4020平方千米	旅游开发对生态环境造成影响，导致水源涵养功能降低	水源涵养重要，土壤侵蚀高度敏感	水源涵养和水土保持	适度旅游开发，保护植被完整性及生境
	Ⅳ-2豫西南山地常绿落叶阔叶林生态亚区	Ⅳ-2-5洛嵩栾水源涵养与水土保持生态功能区	水源涵养	河南省	洛阳、南阳境内的伏牛山、熊耳山、外方山中山区为水源涵养地，三门峡、南阳境内的伏牛山、熊耳山、外方山海拔200～500米的低山丘陵区为水土保持生态功能区，总面积4508平方千米	矿产开发造成一定的生态破坏	地质灾害高度敏感区，水土保持高度敏感	重要的水源涵养生态功能区	封育现有天然次生林植被，适度增加植被覆盖率，矿产开发造成的生态破坏有待恢复
	Ⅳ-2豫西南山地常绿落叶阔叶林生态亚区	Ⅳ-2-6伊河、洛河农业生态功能区	农业生产	河南省	洛阳市周边的孟津县、偃师区、伊川县、宜阳县等区域，总面积4054平方千米	水土流失严重，土地利用过度	水土流失敏感，土地承载超载	农产品提供	调整产业结构，适度发展农业及相关产业
	Ⅳ-2豫西南山地常绿落叶阔叶林生态亚区	Ⅳ-2-7丹江口水库水资源保护生态功能区	水源涵养	河南省	淅川县南部，南水北调中线渠口区域，总面积2891平方千米	浅山区植被稀疏，生态环境脆弱，水土流失严重	水土流失极为敏感	生物多样性保护及水源涵养	限制过度开发农业，提高植被覆盖率

（续）

生态区	生态亚区	生态功能区	主导功能	省份	区域位置	存在问题	生态敏感性	服务功能	保护措施与发展方向
	IV-2豫西南山地常绿落叶阔叶林生态亚区	IV-2-8西峡内乡水源涵养与水土保持生态功能区	水源涵养	河南省	西峡县、南召县以及内乡县、镇平县北部低山丘陵区，总面积11111平方千米	矿区开采造成生态破坏和水土流失	水源涵养中等重要、土壤侵蚀高度敏感	水源涵养与水土保持	封育，保护区域植被，控制镇平、南召、方城矿区开采方式及做好矿区生态恢复
IV秦巴山地与常绿叶阔叶林生态区	IV-3汉江上游汉陵盆地城镇农业生态亚区	IV-3-1月河盆地城镇及农业生态功能区	农业生产	陕西省	汉阴县、安康市、旬阳县的中部、白河县北部，面积1771.4平方千米	人口密集，城镇发展与农业生产用地问题突出，耕地过度利用	水土流失敏感，水环境敏感	农业生产、城市	合理布局区域城镇和企业，沿岸控制污染，加强河流沿岸防洪工程体系建设，搞好凤凰山等周边山丘陵的绿化和水土保持，农业以种植和养殖为主，发展生态农业，控制面源污染
	IV-3汉江上游汉陵盆地城镇农业生态亚区	IV-3-2汉中盆地城镇及农业生态功能区	农业生产	陕西省	汉中市南部、勉县东南部、南郑区北部、城固县中部、洋县南部，面积1641.4平方千米	人口密集，城镇发展与农业生产用地问题突出，耕地过度利用	水环境敏感	农业生产、城市	城镇密集，农业发达，合理布局城镇和企业，控制污染，搞好汉江沿岸及周边的绿化和水土保持，农业以种植和养殖为主，控制面源污染，保护湿地，发展生态旅游
	IV-3汉江上游汉陵盆地城镇农业生态亚区	IV-3-3汉江两岸低山丘陵土壤侵蚀控制生态功能区	土壤保持	陕西省	勉县东部、城固县南部、洋县的中部、佛坪县南部、石泉县、汉阴县、旬阳县中部和南部、安康市、南郑区南部、西乡县东北部、城固县北部、紫阳县东北部、平利县、白河县大部地区，面积16951.6平方千米	地形破碎，土地开发利用过度，水土流失严重，滑坡与泥石流等灾害明显	土壤侵蚀敏感	土壤保持功能与农林业生产	农业区，土壤侵蚀敏感。在保证河谷坝地基本农田的前提下，加强坡地水土保持措施，大力发展特色经济林、薪炭林，提高植被覆盖率，控制水土流失

附　录　131

(续)

生态区	生态亚区	生态功能区	主导功能	省份	区域位置	存在问题	生态敏感性	服务功能	保护措施与发展方向
IV 秦巴山地地落叶与常绿阔叶林生态区	IV-4 米仓山-大巴山落叶阔叶-针阔混交林生态亚区	IV-4-1 米仓山水源涵养生态功能区	水源涵养	陕西省	宁强县南部，南郑区南部，西乡县南部，镇巴县全部，紫阳县西部，面积8814.2平方千米	森林破坏严重，毁林开荒，工程建设引发水土流失，滑坡和泥石流等灾害	水土流失与生物多样性敏感性交叉分布	水源涵养，生物多样性保护功能	水源涵养功能重要，保护和恢复天然次生林和竹林，河谷盆地和坝地保护基本农田，发展农业，盆地和坝地周围面积极造和发展茶、桑、漆等经济林
	IV-5 南阳盆地农业生态亚区	IV-5-1 南阳盆地农业生态功能区	农业生产	河南省	南阳市的南部，包括邓州市，新野县，唐河县，社旗县，宛城区以及镇平县的南部地区的平原，总面积9228平方千米	水污染有加重的趋势，农药化肥使用强度较高水平	局部地区水体为高度敏感和极度敏感	农牧林果，农产品生产	合理施肥，降低化学品使用，降低农业面源污染
		IV-5-2 鄂北岗地农业生态功能区	农业生产	湖北省	襄阳市，枣阳市和老河口市，面积7998平方千米	旱灾频发，水土流失较为严重	土壤侵蚀高度敏感，易旱敏感，水环境中度敏感	农业生态	继续加强水利建设，提排涝能力，增施有机肥，避免板结返盐，提高土地生产力，大力发展高效经济作物，提高种植业经济效益，建设现代生态农业示范区
V 江河源区-甘南高寒草甸草原生态区	V-1 海东-甘南高寒草甸草原生态亚区	V-1-1 太子山山地森林恢复与水源涵养生态功能区	水源涵养	甘肃省	夏河县，和政县和临夏县南部，卓尼县和临潭县北部，面积3866平方千米	大部分地区已遭受严重欠伐和开垦	生物多样性保护敏感区	土壤保持和水源涵养地重要区	恢复森林植被，增强水源涵养能力是生态环境保护与建设的重点，应结合天然林资源保护工程和退耕还林工程的建设，封山育林，植树造林，提高森林覆盖率，增强其水源涵养的服务能力
		V-1-2 洮河上游南森林恢复与水源涵养生态功能区	水源涵养	甘肃省	卓尼和碌曲县，面积4629平方千米	因过度采伐，目前大部地区林相残败，森林面积缩小	生物多样性保护敏感区	水源涵养和水土保持重要地区	应该加强对残存天然林的保护，加快采伐迹地造地恢复，涵养水源

（续）

生态区	生态亚区	生态功能区	主导功能	省份	区域位置	存在问题	生态敏感性	服务功能	保护措施与发展方向
V 江河源区－甘南高寒草甸草原生态区	V-1海东－甘南高寒草甸草原生态亚区	V-1-3临潭－草尼山地农牧业与森林恢复生态功能区	农业生产	甘肃省	临潭和岷县，面积2855平方千米	植被破坏严重	生物多样性保护敏感区	水源涵养、土壤保持重要地区	应合理调整农林牧用地的比例，搞好水土保持工作，在建设基本农田同时，积极封山育林，植树造林，促进森林植被的恢复
VI 藏东－川西寒温性针叶林生态区	VI-1岷山－邛崃山－云杉冷杉林－高山草甸－常绿阔叶林生态亚区	VI-1-1白水江山地水源涵养与生物多样性保护生态功能区	水源涵养	甘肃省	文县南部，面积1152平方千米	海拔2500米以下受到一定的人为干扰	土壤侵蚀综合敏感重要地区	白水江的重要水源涵养区、生物多样性保护重要地区	加强白水江自然保护区的建设
	VI-1岷山－邛崃山－云杉冷杉林－高山草甸－常绿阔叶林生态亚区	VI-1-2白龙江上游针叶林水源涵养与生物多样性保护生态功能区	水源涵养	甘肃省	迭部和舟曲县，面积7309平方千米	生境基本完好	生物多样性保护敏感区	水源涵养、土壤保持和生物多样性保护重要地区	该区目前受人类活动影响较小，自然环境保持较完整，是重要的水源涵养和生物多样性保护区

表2 秦岭生态功能区类型

功能区类型	三级功能区
生物多样性保护	Ⅳ-1-3秦岭中高山生物多样性保护生态功能区
	Ⅳ-1-11韶山青要山生物多样性保护生态功能区
	Ⅳ-1-12小秦岭生物多样性保护生态功能区
	Ⅳ-1-14白龙江河谷山地滑坡及泥石流重点控制生态功能区
	Ⅳ-2-2鸭河口湿地生物多样性保护生态功能区
	Ⅳ-2-3伏牛山熊耳山外方山生物多样性保护生态功能区
土壤保持	Ⅲ-1-1西部黄土丘陵草原农田及水土保持功能区
	Ⅲ-1-3黄土丘陵东部强烈侵蚀农业生态功能区
	Ⅳ-1-2秦岭北坡东段土壤侵蚀控制生态功能区
	Ⅳ-1-4凤县宽谷盆地土壤侵蚀控制生态功能区
	Ⅳ-1-7镇柞灰岩中山水土流失敏感生态功能区
	Ⅳ-1-18白龙江、白水江河谷农业生态功能区
	Ⅳ-1-19西礼盆地农业与水土保持生态功能区
	Ⅳ-1-21岷宕山地农业与水土保持生态功能区
	Ⅳ-1-22漳县、武山农林与水土保持生态功能区
	Ⅳ-1-23徽成盆地农业与水土保持生态功能区
	Ⅳ-3-3汉江两岸低山丘陵土壤侵蚀控制生态功能区
水源涵养	Ⅰ-1-1豫西黄河湿地生态功能区
	Ⅱ-1-1关山水源涵养生态功能区
	Ⅱ-1-2麟陇北山水源涵养与土壤保持生态功能区
	Ⅲ-1-2和政、渭源土石丘陵农林及水源涵养生态功能区
	Ⅳ-1-1秦岭北坡中西段水源涵养生态功能区
	Ⅳ-1-5秦岭南坡中西段中低山水源涵养与土壤保持生态功能区
	Ⅳ-1-6秦岭南坡东段水源涵养生态功能区
	Ⅳ-1-8商洛中低山水源涵养与土壤保持生态功能区
	Ⅳ-1-13小秦岭崤山水源涵养与水土保持生态功能区
	Ⅳ-1-15康县、武都南部水源涵养与生物多样性保护生态功能区
	Ⅳ-1-16北秦岭西部水源涵养生态功能区

(续)

功能区类型	三级功能区
水源涵养	Ⅳ-1-20小陇山林区水源涵养与生物多样性保护重要生态功能区
	Ⅳ-1-24南秦岭山地落叶阔叶林水源涵养与生物多样性保护生态功能区
	Ⅳ-2-1丹江口库区水源涵养与水质保护生态功能区
	Ⅳ-2-4鲁山汝州水源涵养与水土保持生态功能区
	Ⅳ-2-5洛嵩栾水源涵养与水土保持生态功能区
	Ⅳ-2-7丹江口水库水资源保护生态功能区
	Ⅳ-2-8西峡内乡水源涵养与水土保持生态功能区
	Ⅳ-4-1米仓山水源涵养生态功能区
	Ⅴ-1-1太子山山地森林恢复与水源涵养生态功能区
	Ⅴ-1-2洮河上游森林恢复与水源涵养生态功能区
	Ⅵ-1-1白水江山地水源涵养与生物多样性保护生态功能区
	Ⅵ-1-2白龙江上游针叶林水源涵养与生物多样性保护生态功能区
防风固沙	Ⅱ-1-3大荔沙苑风沙控制生态功能区
农业生产	Ⅱ-1-4关中平原城镇及农业生态功能区
	Ⅳ-1-9卢氏山间盆地农业生态功能区
	Ⅳ-1-10义新涠矿产开发生态恢复生态功能区
	Ⅳ-1-17天水南部农林业生态功能区
	Ⅳ-2-6伊河、洛河农业生态功能区
	Ⅳ-3-1月河盆地城镇及农业生态功能区
	Ⅳ-3-2汉中盆地城镇及农业生态功能区
	Ⅳ-5-1 南阳盆地农业生态功能区
	Ⅳ-5-2 鄂北岗地农业生态功能区
	Ⅴ-1-3临潭－卓尼山地农牧业与森林恢复生态功能区

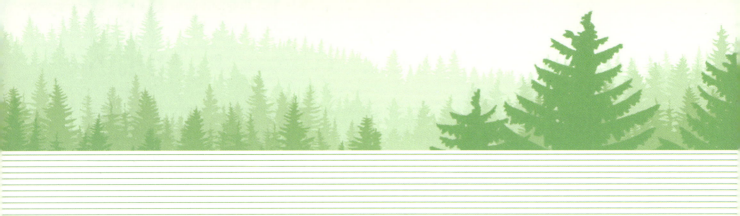

"中国山水林田湖草生态产品监测评估及绿色核算"系列丛书目录*

1. 安徽省森林生态连清与生态系统服务研究，出版时间：2016年3月
2. 吉林省森林生态连清与生态系统服务研究，出版时间：2016年7月
3. 黑龙江省森林生态连清与生态系统服务研究，出版时间：2016年12月
4. 上海市森林生态连清体系监测布局与网络建设研究，出版时间：2016年12月
5. 山东省济南市森林与湿地生态系统服务功能研究，出版时间：2017年3月
6. 吉林省白石山林业局森林生态系统服务功能研究，出版时间：2017年6月
7. 宁夏贺兰山国家级自然保护区森林生态系统服务功能评估，出版时间：2017年7月
8. 陕西省森林与湿地生态系统治污减霾功能研究，出版时间：2018年1月
9. 上海市森林生态连清与生态系统服务研究，出版时间：2018年3月
10. 辽宁省生态公益林资源现状及生态系统服务功能研究，出版时间：2018年10月
11. 森林生态学方法论，出版时间：2018年12月
12. 内蒙古呼伦贝尔市森林生态系统服务功能及价值研究，出版时间：2019年7月
13. 山西省森林生态连清与生态系统服务功能研究，出版时间：2019年7月
14. 山西省直国有林森林生态系统服务功能研究，出版时间：2019年7月
15. 内蒙古大兴安岭重点国有林管理局森林与湿地生态系统服务功能研究与价值评估，出版时间：2020年4月
16. 山东省淄博市原山林场森林生态系统服务功能及价值研究，出版时间：2020年4月
17. 广东省林业生态连清体系网络布局与监测实践，出版时间：2020年6月
18. 森林氧吧监测与生态康养研究——以黑河五大连池风景区为例，出版时间：2020年7月
19. 辽宁省森林、湿地、草地生态系统服务功能评估，出版时间：2020年7月

* 本套丛书中1~20种原丛书名为"中国森林生态系统连续观测与清查及绿色核算"系列丛书

20. 贵州省森林生态连清监测网络构建与生态系统服务功能研究，出版时间：2020 年 12 月

21. 云南省林草资源生态连清体系监测布局与建设规划，出版时间：2021 年 8 月

22. 云南省昆明市海口林场森林生态系统服务功能研究，出版时间：2021 年 9 月

23. "互联网＋生态站"：理论创新与跨界实践，出版时间：2021 年 11 月

24. 东北地区森林生态连清技术理论与实践，出版时间：2021 年 11 月

25. 天然林保护修复生态监测区划和布局研究，出版时间：2022 年 2 月

26. 湖南省森林生态产品绿色核算，出版时间：2022 年 4 月

27. 国家退耕还林工程生态监测区划和布局研究，出版时间：2022 年 5 月

28. 河北省秦皇岛市森林生态产品绿色核算与碳中和评估，出版时间：2022 年 6 月

29. 内蒙古森工集团生态产品绿色核算与森林碳中和评估，出版时间：2022 年 9 月

30. 黑河市生态空间绿色核算与生态产品价值评估，出版时间：2022 年 11 月

31. 内蒙古呼伦贝尔市生态空间绿色核算与碳中和研究，出版时间：2022 年 12 月

32. 河北太行山森林生态站野外长期观测数据集，出版时间：2023 年 4 月

33. 黑龙江嫩江源森林生态站野外长期观测和研究，出版时间：2023 年 7 月

34. 贵州麻阳河国家级自然保护区森林生态产品绿色核算，出版时间：2023 年 10 月

35. 江西马头山森林生态站野外长期观测数据集，出版时间：2023 年 12 月

36. 河北省张承地区森林生态产品绿色核算与碳中和评估，出版时间：2024 年 1 月

37. 内蒙古通辽市生态空间绿色核算与碳中和研究，出版时间：2024 年 1 月

38. 江西省资溪县生态空间绿色核算与碳中和研究，出版时间：2024 年 7 月

39. 宁夏贺兰山国家级自然保护区生态产品绿色核算与碳中和评估，出版时间：2024 年 7 月

40. 赤峰市全空间生态产品绿色核算与森林全口径碳中和评估，出版时间：2024 年 11 月

41. 秦岭森林生态系统监测区划与布局研究，出版时间：2024 年 12 月